Ahmed Ziregue
Mohamed Sayah Goual

Valorisation des coproduits industriels:cas du bois et du polystyrène

Ahmed Ziregue
Mohamed Sayah Goual

Valorisation des coproduits industriels:cas du bois et du polystyrène

Impact du facteur d'allègement sur les propriétés physico-mécaniques et thermiques d'un béton à matrice ciment-calcaire

Presses Académiques Francophones

Impressum / Mentions légales
Bibliografische Information der Deutschen Nationalbibliothek: Die Deutsche Nationalbibliothek verzeichnet diese Publikation in der Deutschen Nationalbibliografie; detaillierte bibliografische Daten sind im Internet über http://dnb.d-nb.de abrufbar.

Information bibliographique publiée par la Deutsche Nationalbibliothek: La Deutsche Nationalbibliothek inscrit cette publication à la Deutsche Nationalbibliografie; des données bibliographiques détaillées sont disponibles sur internet à l'adresse http://dnb.d-nb.de.

Coverbild / Photo de couverture: www.ingimage.com

Verlag / Editeur:
Presses Académiques Francophones
ist ein Imprint der / est une marque déposée de
OmniScriptum GmbH & Co. KG
Heinrich-Böcking-Str. 6-8, 66121 Saarbrücken, Deutschland / Allemagne
Email: info@presses-academiques.com

Herstellung: siehe letzte Seite /
Impression: voir la dernière page
ISBN: 978-3-8381-4198-5

Dédicace

Je dédie ce travail:

A ma famille en particulier

mes parents

ma femme

mes enfants.

A tous mes amis.

A tous les enseignants du département de Génie Civil

Au personnel du laboratoire de Génie Civil

A.Ziregue

Remerciements

Je voudrais exprimer ma profonde reconnaissance et mes remerciements au directeur de ma thèse Monsieur M.S.GOUAL Maître de conférence a l'Université de Laghouat d'avoir proposé et diriger ce sujet, je le suis très reconnaissant pour tous ces conseils et ces directives durant toute la période de préparation de ce mémoire.

Je tiens à remercier vivement Monsieur M. BOUHICHA Professeur à l'université de Laghouat de m'honorer en acceptant de présider l'examen de ce mémoire.

J'exprime également ma reconnaissance a Monsieur M.M. KHENFER. Professeur a l'Université de Laghouat et Monsieur M. SAIHI Maître assistant chargé de cours au centre universitaire de Djelfa d'avoir accepter d'examiner ce travail.

Je tiens a remercier Monsieur M.GAFSI et Monsieur M.CHETTIH pour leurs encouragements et leur soutient.

Mes sincères reconnaissances a tous les enseignants du département de génie civil en particulier ceux qui ont contribué de prés ou de loin par leurs conseils et leurs aides.

Je ne dirais pas que je ne peux citer tout le monde, mais je tiens à remercier tout ceux qui m'ont apporté, d'une manière directe ou indirect leur aide et je cite en particulier Messieurs A.Ferhat, A. BELAIDI, I.Goual, H.KROBA et Madame M.LAIDI. Sans oublier l'ensemble du personnel du laboratoire de génie civil.

A.Ziregue

ملخص:

يندرج هذا العمل ضمن المحور الرئيس المتمثل في تثمين النفايات الصناعية الصلبة. استعمال هذه النفايات في تطوير مواد بناء ذات خواص عزل حرارية عالية هي الهدف المنشود في هذه الدراسة. النفايات المثمنة هي: الرمل الكلسي الناتج عن بقايا تكسير الأحجار الكلسية في مقالع تصنيع الحصى، قطع البوليستيرين المستعمل في تعبئة الأجهزة و المواد سريعة الانكسار و القشور الخشبية المتولدة من نجارة الخشب. في إطار بقاء الخواص الميكانيكية ضمن حدود مقبولة، فإن فكرة إدماج نسب معينة من مقاطع البوليستيرين أو الخشب كحبيبات في مصفوفة الكلس-إسمنت تعتبر جد هامة، ليس من حيث تطوير الخواص الحرارية للمواد المشكلة فحسب، بل أيضا من حيث تخفيض الحمولات الشاقولية المنقولة عبر الأعمدة إلى الأساسات. هذه الميزات أدت إلى تطوير الخرسانة الكلسية الخفيفة.

النتائج الأولية المتحصل عليها بينت القدرة على تطوير مواد بناء خفيفة ذات مميزات عزل حرارية عالية باستعمال حبيبات البوليستيرين و الخشب. بالمقابل فإنه تبين انخفاض محسوس في المقاومة الميكانيكية للخرسانة الكلسية الخفيفة مع ازدياد نسبة الحبيبات. هذا الانخفاض، هو بدرجة أكبر بالنسبة لحبيبات البوليستيرين منه من حبيبات الخشب. كما بينت النتائج، عدم استقرار في الأبعاد للخرسانة الكلسية الخفيفة، خاصة، باستعمال حبيبات الخشب، نظرا لدرجة الامتصاص المعتبرة للخشب. معامل النقل الحراري الضعيف المقرون بمعامل تخزين حراري عال يشهد على الجودة العالية لخواص العزل الحراري للخرسانة الكلسية الخفيفة المشكلة.

هذه النتائج الأولية وإن كانت مشجعة، تبقى غير كافية إذا لم تستكمل الدراسة بالتطرق إلى السلوك الهيدروحراري و ديمومة المواد المطورة في ظروف مناخية متغيرة.

Résumé:

Ce travail avait pour objectif, la valorisation des déchets industriels solides dans la perspective de développement de matériaux de construction thermiquement isolants. Ces déchets sont : la fraction sableuse des résidus de concassage de roches calcaires, les blocs en polystyrène utilisés dans l'emballage des équipements fragiles et les sciures issus de la menuiserie de bois. Dans la mesure ou les caractéristiques mécaniques restent suffisantes, l'idée d'incorporation de granulats de polystyrène ou de bois dans une matrice calcaire-ciment s'avère très intéressante non seulement dans l'amélioration des performances thermiques des matériaux élaborés mais également dans la réduction des charges verticales transmises aux fondations. Ces impératifs ont conduit vers l'élaboration de Bétons calcaires Légers (BCL).

Les résultats obtenus révèlent l'intérêt remarquable du caractère d'allégement des granulats de bois et de polystyrène, notamment, dans l'amélioration des performances thermiques des bétons élaborés. Par contre, on enregistre une chute considérable de la résistance mécanique en fonction du dosage en granulats légers. Elle est d'autant plus remarquable pour les granulats de polystyrène que pour les granulats de bois. On signale également la grande instabilité dimensionnelle des bétons de bois occasionnée par le caractère amplement absorbant des granulats de bois.

Les faibles conductivités thermiques liées à des capacités calorifiques élevées des deux classes de bétons élaborés en témoignent sur leurs qualités d'isolation et leurs capacités de stockage d'énergie malgré leurs masses volumiques assez faibles. A volumes égaux, une étude comparative a permis de souligner l'avantage de l'allégement par le polystyrène au profit du bois. En revanche, le béton de bois s'avère plus résistant que le béton de polystyrène. En termes d'isolation thermique, le béton de polystyrène s'avère le mieux performant.

Toutefois, ces résultats prometteurs demeurent insuffisants sans être complétés par une étude approfondie sur le comportement hygrothermiques et la durabilité des bétons calcaires légers dans des conditions thermo hydriques variables.

Abstrat:

This work had for objective, the valorization of industrial wastes in the perspective of development of thermally insulating building materials. These wastes consist of: the sand fractions of residual crushing calcareous rock, polystyrene panels used in packing fragile equipments and the wood wastes generated by the woodwork industries. Where the mechanical characteristics remain sufficient, the idea of incorporation of polystyrene or wood granulates in a calcareous-cement matrix proves out to be very interesting not only in the improvement of the thermal performances of elaborated materials but also in the reduction of vertical loads transmitted to foundations. These imperatives were conduct to the development of Lightweight Calcareous Concretes. Results obtained reveal the interest and remarkable lightening character of the wood and polystyrene granulates, notably, in the improvement of thermal performances of elaborated concretes.

Nevertheless, results show that mechanical resistances decrease when the dosage of the light granulates increase. This decrease in mechanical resistance is more significant for polystyrene granulates that for wood granulates. It also show that wood concretes reveal a big dimensional instability resulting from the absorption character of wood granulates.

The feeble thermal conductivities and the high calorific capacities of the two classes of concretes elaborated herein testify some on their insulation qualities and their energy storage capacities in spite of their weak volume masses. At equal volumes, a comparative study permitted to underline the advantage of the lightening process by polystyrene aggregates as compared to wood aggregates. But then, the wood concrete proves out to be more resistant than the polystyrene concrete.

In term of thermal insulation, the polystyrene concrete proves out to be effective best. However, these promising results stay insufficient without being completed by a deepened study on hygrothermic behavior and durability of the lightweight calcareous concrete in variable hygrothermic conditions.

Sommaire

ChapII. Méthodes expérimentales

Introduction générale

Le béton traditionnel est par excellence le matériau le plus employé dans le domaine de Génie Civil. Il demeure avec la charpente métallique les matériaux les plus employés dans la construction des ossatures des ouvrages de Génie Civil en raison des performances mécaniques qu'ils offrent. Par ailleurs, utilisé dans la construction des éléments de remplissage, le béton traditionnel n'est plus le matériau idéal. En effet, sa résistance élevée dépasse de loin les sollicitations que supportent ces éléments. De plus, leur masse volumique importante comprise entre 2200 et 2600 kg/m^3 implique des forces d'inertie importantes lors des secousses sismiques et des charges verticales élevées. Ce qui conduit à des dimensions importantes pour les éléments de structure et pour le système de fondation. A ces inconvénients s'ajoute le cout de transport et le problème d'isolation thermique et phonique qui sont fonction de la masse volumique du matériau. En conséquence, construire des murs avec un matériau dense influe considérablement sur le côté économique, notamment, la consommation énergétique des locaux et sur le confort thermique des habitations.

Dans la mesure ou la résistance mécanique demeure suffisante, l'utilisation d'un matériau de masse volumique plus faible peut permettre de construire sur des sols de faible capacité portante ainsi que de réduire les dimensions des éléments porteurs. Les bétons de masse volumique plus faible procurent également une meilleure isolation thermique et phonique qu'un béton ordinaire. De plus, la sensibilisation a la qualité de l'environnement fait que les isolants actuellement sur le marché (laine de verre, polystyrène, etc..) sont considérés comme des polluants tant au niveau de la fabrication qu'en ce qui concerne le stockage des déchets de chantiers. Dans les pays en développement, la mise au point de matériaux isolants à faible cout technologique à base de matériaux locaux est également une nécessité qui a été signalée lors du deuxième séminaire sur les matériaux locaux à Marrakech en 1995. Dans ce sens, l'utilisation des matériaux locaux et des déchets industriels pour le développement de nouveaux matériaux de construction légers s'avère une alternative très intéressante sur le plan économique et environnemental. C'est dans cette optique que se sont orientés nos travaux.

L'objectif de ce travail est la valorisation de déchets calcaires par leur transformation en matériaux de construction isolants et isolants porteurs. En effet, l'un des composants principaux des bétons est le sable naturel.

Les dépôts de sable naturel, surtout ceux qui sont situés près des grands centres urbains, risquent de s'épuiser ou d'entrainer des frais d'exploitation très élevés en raison du cout du transport et des restrictions relatives à la protection de l'environnement.

Plusieurs types de résidus et de sous-produits peuvent être utilisés comme granulats. Parmi ces résidus, on trouve ceux provenant de l'industrie des granulats, en particulier des stations de concassage. Ceux-ci génèrent dans certaines régions des quantités importantes de résidus actuellement non exploités et qui constituent à la fois une gêne environnementale et une perte de matière première. L'importance de gisement que constituent ces déchets de nature souvent calcaire a conduit vers une valorisation susceptible de répondre aux besoins socioéconomiques, écologiques et de satisfaire les objectifs d'économie d'énergie, notamment dans les pays en développement. La proposition a été faite de transformer ces déchets calcaires en matériaux de construction thermiquement isolants et isolants porteurs à hautes qualités environnementales. Les techniques de fabrication utilisées doivent être simples, peu consommatrices d'énergie et non polluantes. L'idée d'une réduction de la masse volumique, entraînant une augmentation des performances thermiques de ces matériaux peut donc se révéler intéressante. Ces impératifs ont orientés l'équipe de développement des matériaux de construction du laboratoire de Génie Civil de l'Université de Laghouat vers la conception de bétons calcaires légers BCL.

La masse volumique du béton peut être diminuée en remplaçant une certaine partie des matériaux solides du béton par des vides remplis d'air. Ces vides peuvent être localisés soit au sein des granulats pour le cas des bétons de granulats légers soit dans la matrice cimentaire pour le cas des bétons cellulaires. La voie envisagée dans ce travail est la substitution d'une partie de la matrice sable-ciment par des granulats légers. L'idée d'incorporer des déchets industriels tels que la sciure de bois et les granulats de polystyrène, s'avère très intéressante non seulement pour l'allégement du béton calcaire, mais également pour la protection de l'environnement.

L'objectif de ce travail est d'étudier l'influence de ces deux facteurs d'allégement sur les caractéristiques physicomécaniques des bétons calcaires légers, ainsi que l'intérêt d'une telle procédure d'allégement sur l'amélioration des performances thermiques des matériaux élaborés.

Afin d'atteindre les objectifs cités supra, notre travail est subdivisé en cinq chapitres étroitement liés :

• Le premier est consacré à une revue sur la documentation accentuée sur les bétons légers en général et notamment sur les bétons de bois et les bétons de polystyrène.

• Le deuxième chapitre est consacré à une description des méthodes expérimentales utilisées dans cette étude.

.La caractérisation des matières premières, la formulation des différentes compositions les BCL élaborées et leurs caractérisations physicomécaniques et thermiques font l'objet du troisième chapitre intitulé matériaux et résultats expérimentaux.

.Le quatrième chapitre sera consacré à une étude comparative des différents facteurs d'allégement sur les performances mécaniques des BCL.

.Enfin, sur la base des résultats obtenus, on termine notre mémoire par une conclusion générale et perspective.

I.1 Généralités sur les bétons

Les bétons sont fabriques presque exclusivement avec les granulats siliceux alluvionnaires. Malheureusement, ces ressources naturelles s'épuisent aujourd'hui, et l'exploitation des dernières réserves crée sur l'environnement un impact négatif de plus en plus lourd à supporter. Leur cout ne cesse d'augmenter compte tenu, non seulement du déséquilibre entre l'offre et la demande, mais aussi du problème de transport entre les lieux de production et les agglomérations, principaux lieux de consommation. D'autre part les déchets de calcaire qui sont en quantités assez grandes, posent un problème pour l'environnement et représentent une matière inutilisable, c'est dans cet objectif que les bétons de sable de calcaire ont été mis en œuvre.

Le béton de calcaire est un mélange homogène constitué principalement de sable calcaire concassé (de diamètre compris entre 0 et 5 mm), de gravier, de ciment, d'ajouts (fillers, adjuvants et autres ajouts éventuels) et d'eau. Les propriétés physico-mécaniques des bétons dépendent essentiellement des caractéristiques des matériaux qui leur composent.

I.1.1 Matériaux composants le béton

I.1.1.1 Le ciment :

Les ciments sont des poudres obtenues à partir d'un mélange de calcaire et d'argile broyés puis soumis à une cuisson à une température de 1450°C. Le constituant de base d'un ciment est le clinker. Le laitier, les cendres volantes, la pouzzolane et les fillers sont ajoutés au clinker, en proportions diverses pour constituer les catégories de ciments avec ajouts.

La grande variété des types de ciment et la grande variété des constituants disponibles et autres matériaux utilisés dans la fabrication des ciments composés peuvent créer une certaine confusion au moment du choix d'un ciment. Quel est le meilleur ciment ? Quel ciment doit-on utiliser pour un usage donné ? Certes il n'y a pas de réponses simples à ces questions, mais une approche rationnelle conduit à faciliter la tâche et à trouver des solutions satisfaisantes. Le ciment Portland pur et pour des raisons économiques a été très utilisé dans le passé, n'est utilisé aujourd'hui que rarement et le ciment composé vue ces performances devint le ciment le plus demandé. Ainsi dans de nombreux cas, aucun ciment n'est le meilleur et plusieurs types ou classes de ciment peuvent être utilisés. Le choix dépend de la disponibilité, du cout et des éléments particuliers propres au chantier, tels la compétence de la main-d'œuvre, le délai dont on dispose pour la construction et bien sur, les particularités de la structure et de son environnement [1].

Le tableau ci – dessous regroupe les principaux ciments utilisés dans la construction ainsi que leurs propriétés respectives.

Tableau I.1:propriétés des différents types de ciment [2].

désignations	Types de ciments	Teneur en clinker	Teneur en % de l'un des Constituants suivants: Laitier —pouzzolanes- Cendres —calcaires – Schistes- fumée de silice	Teneur en Constituants Secondaires
CPA-CEMI	Ciment Portland	95 à100%	/	0 à 5%
CPJ- CEM II/A	Ciment Portland composé	80 à 94%	-de 6 à 20 del'un des constituants, sauf dans les cas ou le constituant est de la fumée de silice dont la proportion est limitée à 10% (*).	0 a 5%
CPJ-CEM II/B		65 à 79%	-de 21 à35% avec les mêmes restrictions que ci-dessus (*).	0 à 5%
CHF-CEMII/A	Ciment de haut-fourneau	35 à 64%	36 a 64% de laitier de haut-Fourneau 66 a 80% de laitier de haut fourneau 81 a 95% de laitier de haut- fourneau	0 à 5%
CHF-CEM III/B		20 à 34%		0 à 5%
CLK-CEMIII/C		5 à 19%		0 à 5%
CPZ-CEM IV/A	Ciment pouzzolanique	65 à 90%	10 a 35%de pouzzolanes; cendres siliceuses ou fumée de silice; ces dernières étant limitées a10%	0 à5 %
CPZ-CEM IV/B		45 à 64%	36 à55% comme ci-dessus	0 à 5%
CLC-CEM V/A	Ciment au Laitier et aux cendres	40 à 64%	18 à 30% de laitier de haut fourneau et 18 a 30% de cendres siliceuses ou de pouzzolanes.	0 à 5%
CLC-CEM V/B		20 à 39%	31 à 50%de chacun des deux constituants comme ci-dessus	0 à 5%

(*) La proportion des fillers est limitée à 5%.

L'une des caractéristiques principales d'un ciment est sa résistance mécanique en compression, déterminée conformément à la norme **EN 196-1** [1,3] à 28 jours.
Trois classes de résistance normale sont couvertes : classe 32.5, classe 42.5 et classe 52.5. La classification d'un ciment suivant la résistance normale doit être indiquée

15

par les valeurs : 32.5, 42.5 ,52.5 placées derrière la désignation normalisée du type de ciment. Le tableau I.2 regroupe les différentes caractéristiques des ciments

Tableau I.2 Caractéristiques mécaniques et physiques (P 15-301 de juin 1994) **[4].**

Classe	Résistance à la compression (N/mm²)				Retrait des CPA-CEM I CPA-CEM II 28 jours (µm/m)	Temps de début de Prise (min)	Stabilité (mm)
	Résistance au jeune		Résistance normale				
	2 jours Li	7 jours Ls	28 jours				
			Li	Ls			
32.5	-	-	32.5	52.5	800	90	10
32.5 R	13.5	-					
42.5	12.5	-	42.5	62.5	1000	60	
42.5 R	20	-					
52.5	20	-	52.5	-	-		
52.5 R	30	-					

I.1.1.2 Les granulats :

C'est un ensemble de grains minéraux de dimensions comprises entre 0 et 125 mm et dont les caractéristiques sont conformes aux spécifications de la norme **NFP 18-540 [1,5,6].** Comme les trois quarts du volume d'un béton sont occupés par les granulats, il n'est pas étonnant que la qualité de ces derniers revête d'une grande importance. Non seulement les granulats peuvent limiter la résistance du béton, mais selon leurs propriétés, ils affecteront la durabilité et les performances structurales du béton. A l'origine, on considérait les granulats comme des matériaux inertes, mais ils ne le sont pas réellement et leurs propriétés physiques, thermiques et dans certains cas, chimiques influent sur les performances du béton Les granulats sont dits :

• **Naturels :** lorsqu'ils sont issus de roches meubles ou massives et qu'ils ne subissent aucun traitement autre que mécanique.

• **Artificiels :** lorsqu'ils proviennent de la transformation à la fois thermique et mécanique de roches ou de minerais.

• **Recycles :** lorsqu'ils proviennent de la démolition d'ouvrage, ou lorsqu'ils sont réutilisés.

• **Courants :** lorsque leur masse volumique est supérieure ou égale à 2000 kg/m^3.

• **Légers :** lorsque leur masse volumique réelle (absolue) est inférieur à 2000 kg/m^3.

Le critère de classification des granulats est la classe granulométrique définie par le rapport d/D, ou d et D représentent respectivement la plus petite et la plus grande dimension des grains. Ces dimensions correspondent à la grosseur des grains définie par la norme française **XP P 18-54O [1,6]** par :

- **Sable 0/D** avec $1mm \leq D \leq 6.3mm$,

- **Gravillon d/D** avec $d \geq 1mm$ et $D \leq 125mm$

- **Grave 0/D lorsque** D >6.3.

➢ **Le sable :**

Le sable est une masse pulvérulente de grains minéraux, dont au moins 50% des éléments sont supérieurs à 80 microns et dont la taille n'excède pas 5 mm **[15,7, 81]**

Selon sa composition minéralogique, on distingue : les sables de quartz, les sables de feldspath et les sable de carbonate.

Les propriétés des agrégats, qui déterminent leur utilisation dans la construction, dépendent largement de leur composition minéralogique. En général les sables sont constitués en grande partie de carbonates de calcaire (CaCO3) et en quantités disproportionnelles en silicates (SiO2), d'oxyde de fer, de sulfates et d'éléments minéraux comme l'aluminium, le cuivre et le manganèse.

Leur masse volumique apparente est généralement comprise entre 1450 et 1650 kg/m^3. Leur masse volumique absolue entre 2500 et 2700 kg/m^3. Leur granularité est appréciée par analyse granulométrique. Selon la grosseur des grains, on distingue :

- Les sables fins : la grosseur des grains est de 0.08 a 0.31 mm.
- Les sables moyens : la grosseur des grains est de 0.31 à 1.25 mm.
- Les sables grossiers : la grosseur des grains est de 1.25 à 5 mm.

Leur Propreté et Leur teneur en fines sont appréciés par la valeur de l'équivalent de sable. C'est avec cet essai qu'on peut déterminer le degré de pollution des sables et le pourcentage des fines. Ces deux propriétés sont très liées à la nature et à la composition de la roche origine. En générale les sables calcaires sont très propres.

➢ **Les gravillons** :

Pour les bétons traditionnels, les dimensions des gravillons sont comprises entre 6 mm et 20mm, ils sont soit naturels provenant des lits de rivières ou des oueds, se sont des graviers roulés, soit artificiels provenant du concassage des roches calcaires, se sont des graviers concassés.

Chaque type de granulats offre certains avantages et présente quelques inconvénients qu'on peut citer comme suit :

1) Granulats roulé :

* Avantages :

- coefficient volumétrique convenable.

- Bonne maniabilité, moins d'eau de gâchage.

* Inconvénients :

-Surface plus lisse, adhérence moins bonne.

2) Granulats concassés :

* Avantages :

- Résistance plus élevée, particulièrement à la traction.

* Inconvénients :

- Présence d'éléments en forme de plaquettes qui diminuent la maniabilité, donc la compacité, et par la suite la résistance.

- Porosité plus grande.

- Mise en œuvre plus difficile.

Les granulats jouent un rôle très important dans le béton à savoir

• Un rôle majeur en masse :

Les granulats représentent en masse 75% du béton. Ils constituent la structure et le squelette de ce béton. Les caractéristiques de résistance du béton seront directement liées à la résistance de ces granulats et l'aspect du béton sera du à l'aspect des granulats.

• Un rôle majeur dans la mise en œuvre du béton frais :

Le béton frais doit être mis en place dans le volume qui lui est destiné et ceci malgré les obstacles tels que le coffrage, les armatures etc. Il doit pouvoir être mis en place sur de vastes surfaces ou des hauteurs importantes tout en conservant son homogénéité.

La maniabilité du béton frais, sa résistance à la ségrégation sont très influés par la dimension, la granulométrie et la forme des granulats.

• Un rôle majeur dans la résistance mécanique :

Dans les tests d'écrasement et de rupture, on remarque trois possibilités de fracture :

-Dans la pâte de ciment ;

-Dans le granulat ;

-Au niveau de l'interface ciment/granulat.

Le granulat a deux bonnes raison sur trois d'assurer la solidité de l'ouvrage et ceci par ces caractéristiques d'état de surface (forme, rugosité, angularité. .etc.) et par ces caractéristiques mécaniques (dureté, résistance mécanique….etc.).

• Un rôle majeur dans la durabilité du béton :

Le béton surtout s'il est soumis à l'eau et aux agents agressifs, sa durabilité dans ces conditions difficiles est aussi liée aux granulats, surtout a leur nature chimique.

➢ La liaison pâte granulat :

La liaison entre les granulats et la pâte de ciment est un facteur important dans la résistance des bétons, spécialement, la résistance à la flexion. Toutefois, la nature de la liaison est mal connue. La liaison est engendrée en partie par l'imbrication des granulats et de la pâte de ciment hydraté due à la rugosité de la surface des granulats. Une surface plus rugueuse, comme celle des granulats concassés, génère une meilleure liaison en raison de l'imbrication mécanique. Les caractéristiques de la texture qui ne permettent pas la pénétration de la surface du granulat ne sont pas favorables à la création de bonnes liaisons. De plus, les liaisons sont affectées par d'autres propriétés physiques et chimiques des granulats. Dans la pratique du chantier, les matériaux utilisés contiennent souvent des fines qui adhèrent en surface et qui s'imposent entre le granulat et la pâte de ciment. La liaison risque alors d'être potentiellement amoindrie, en particulier s'il s'agit de fines argileuses à haut pouvoir enveloppant [4,9].

I.1.1.3 Les fillers :

Les fillers sont des matières minérales, naturelles ou artificielles, qui agissent par leur granulométrie ($D \leq 0.080$ mm) sur la compacité du béton, ils sont utilisés pour combler les vides et augmenter la compacité du béton. Leur utilisation réduit donc le besoin en ciment qui est très couteux. Selon leur nature et leur finesse, les fillers améliorent la maniabilité et la résistance [8]. Elles sont obtenues par broyage et sélection de roches naturelles (norme NF P18 501). Ce matériau doit avoir au moins 85% de ces éléments de dimensions inférieures à 80 microns.

-Taux de fines et résistance du béton :

Selon les travaux de **M.Bertrandy** [10] il a été démontré que la quantité et la qualité des fines influent d'une manière différente sur la résistance a la compression du béton, en effet en se référant à la figure I.1 on voit que pour les fines argileuses, le taux optimal se situe à 8% pour les fines calcaires et 4% pour les fines argileuse.

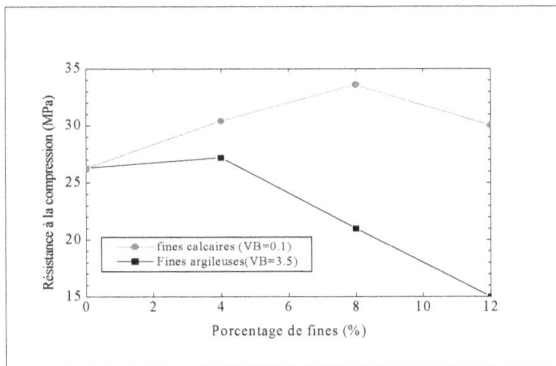

Figure I.1 Résistance a la compression du béton en fonction du pourcentage de fines [10].

I.1.1.4 Les adjuvants :

Les adjuvants sont des produits solubles dans l'eau qui, incorporés au béton a des doses généralement inférieures ou égales à 5% du poids du ciment permettent d'améliorer certaines de ces propriétés. Dans la plus part des cas, ce sont des réducteurs d'eau utilisés pour améliorer les performances mécaniques tout en assurant une ouvrabilité suffisante. On distingue les fluidifiants et les plastifiants, d'autres adjuvants sont des retardateurs ou accélérateurs de prise, d'autres sont des entraîneurs d'air.

I.1.2 Etude du béton frais :
I.1.2.1 Formulation et composition des bétons :

L'étude de la formulation d'un béton consiste à définir le mélange optimal des différents granulats dont on dispose, ainsi que le dosage en ciment et en eau afin de réaliser un matériau dont les qualités soient celles recherchées [1,2,11]. Les méthodes proposées en ce qui concerne les bétons de construction sont nombreux et reposent sur des dosages volumétriques ou pondéraux. Il existe des désaccords à propos des paramètres à prendre en compte et de leur appréciation. Ainsi par exemple les partisans de la granularité continue pour l'ensemble des constituants solides entrants dans la composition du béton s'opposent à ceux de la granularité discontinue, la courbe granulométrique présente un palier. La diversité des méthodes et des paramètres à choisir à pour conséquence de faire varier à l'infini les compositions utilisées.

Les résultats obtenus alimentent le cadre de réflexion mais ne permettent pas d'établir une théorie du béton qui réunirait en un ensemble d'équations de comportement, les phénomènes physiques, chimiques, mécaniques et leurs couplages. Par pragmatisme, dans les cas courants de fabrication de bétons de construction une méthode simple et pratique tenant compte de l'expérience acquise par les opérateurs est retenue. Cette recherche pratique vise à atteindre conjointement les deux qualités essentielles d'un béton : l'ouvrabilité et la résistance.

L'ouvrabilité caractérise la possibilité d'ouvrer, de mettre en œuvre, de façonner, il s'agit d'une propriété du béton frais. La recherche de cette qualité conduit à augmenter la plasticité et l'écoulement au sein du mélange frais.

La résistance propriété du béton durci, caractérise l'aptitude du béton a s'opposer à une contrainte. La recherche de la résistance conduit à augmenter la compacité du mélange.

Parmi les méthodes de formulation on peut citer :

1. Méthode de Bolomey ;
2. Méthode de Faury ;

3. Méthode de Valette ;

4. Méthode Dreux-Gorisse ;

5. Méthode Joisel.

Il faut noter que certaines méthodes sont empiriques, c'est le cas des méthodes de Bolomey ; Faury ; Valette etc. D'autres sont graphiques comme celles de Dreux-Gorisse et de Joisel.

Il faut signaler aussi que la méthode de formulation la plus utilisée est sans doute la méthode de Dreux-Gorisse, vue qu'elle fait intervenir un grand nombre de paramètres rentrants dans la composition du béton.

I.1.2.2 L'ouvrabilité du béton

Le principal paramètre affectant l'ouvrabilité du béton est sans aucun doute la teneur en eau exprimée en kilogrammes ou en litres par mètre cube de béton. La moitié de l'eau de gâchage dans un béton sert à l'hydratation et à la prise du ciment, l'autre moitié sert pour le mouillage des granulats et confère au béton sa maniabilité désirée. Une fois la quantité d'eau à introduire dans le béton est évaluée, il sera facile par quelques mesures de l'affaissement au cône d'Abrams d'apprécier le dosage en eau conduisant à la maniabilité cherchée. Si la teneur en eau augmente, la maniabilité augmente, mais au détriment de la résistance mécanique. Si la teneur en eau et les proportions des autres constituants du béton sont déterminées, la maniabilité dépend également de la dimension maximale du gros granulat, de sa granulométrie, de sa forme et de sa texture. En effet, plus le béton est constitué de granulats grossiers moins il est maniable, en plus une granulométrie continue favorise une meilleure maniabilité.

I.1.3 Propriétés du béton durci

I.1.3.1 La résistance mécanique

La résistance à la compression du béton est généralement considérée comme sa plus importante propriété bien que, dans de nombreux cas pratiques, d'autres caractéristiques telles que la durabilité et la perméabilité peuvent en faite être plus importantes. Néanmoins, la résistance à la compression projette généralement une image globale de la qualité du béton, elle dépend de plusieurs paramètres :

. Du rapport E/C

Pour des granulats donnés, la résistance d'un béton est une fonction croissante de la résistance de sa matrice cimentaire. Or cette matrice est d'autant plus résistante et durable que sa porosité est faible. Celle-ci a pour origine le volume d'air emprisonné l'hors de la mise en place et les volumes d'eau en surplus de l'eau servant à l'hydratation (seule la fraction de l'eau introduite intégrée dans les hydrates est pérenne dans la structure du béton durci).

Expérimentalement, on montre qu'il existe un rapport E/C optimal, qui dépend non seulement des conditions de mise en œuvre, mais aussi de la composition du squelette granulaire et de la richesse en ciment du mélange, pour lequel la porosité de la matrice est minimale, donc la résistance du béton est maximale.

La résistance d'un béton apparait comme étant inversement proportionnelle au rapport eau/ciment. Cette relation, présentée comme une soi-disant loi, est en faite une véritable règle, établie selon [1] par **Duff Abrams** en 1919. Selon cet auteur, la résistance est égale a :

$$R_c = \frac{K_1}{K_2^{E/C}} \dots\dots\dots\dots\dots\dots\dots\dots\dots\dots.(I.1)$$

Ou E/C représente le rapport Eau /Ciment du béton, K_1 et K_2 sont des constantes empiriques. D'après [1] l'allure générale de la courbe donnant la résistance en fonction du rapport eau/ciment est présentée à la figure 1.2

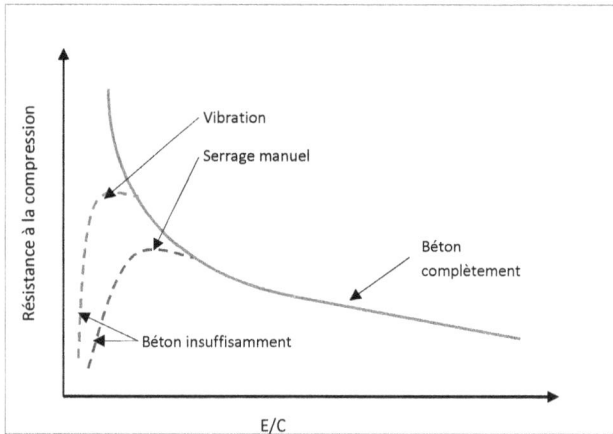

Figure I.2 Relation entre la résistance à la compression et le rapport eau/ciment d'un béton [1]

. Du rapport G/S :

Le rapport GIS correspond au rapport des volumes absolus. Au cours de nombreuses études de composition de bétons, beaucoup d'auteurs ont établi l'influence de la composition granulométrique du béton, tant en ce qui concerne les proportions relatives de sable et de gravier (rapport G/S), que la continuité ou la discontinuité de la courbe granulométrique. La figure 1.3 résume les appréciations concernant cette influence.

ll apparaît en effet que pour G/S<2, l'influence du rapport G/S est relativement faible, tandis que la résistance augmente plus sensiblement pour des valeurs plus élevées.

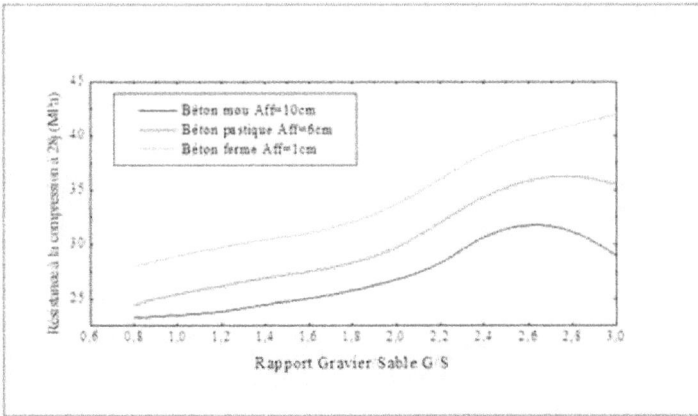

Figure I.3 Variation de la résistance en fonction du rapport G/S [7].

-De la classe et du dosage du ciment :

La classe et la nature du ciment du ciment influent beaucoup sur la résistance du béton. Il est évident que plus la résistance (ou classe) du ciment utilisé est importante, plus la résistance du béton est grande, d'autre part utiliser un ciment CPA ou un ciment CPJ ou encore un ciment CPHP ne donnent pas le même résultat en terme de résistance, chaque ciment a ces performances et ces caractéristiques qui ont évidement des impactes sur la résistance du béton. La résistance moyenne du béton R_{CE} doit obéir à la condition suivante.

$$R_{CE} \geq R_{CK} + \lambda(C_E - C_{\min}) \dots\dots\dots\dots\dots\dots\dots\dots(\textbf{I.2})$$

Avec R_{CK} : résistance caractéristique spécifiée du béton.

C_E : classe vrai de résistance du ciment utilisé.

$C_{\min}$: classe minimale garantie a 99%.

$\lambda=1$ sauf justification de la relation entre la résistance du béton et celle du ciment employé.

D'un autre coté le dosage en ciment influe aussi sur la résistance du béton, en effet celle- ci augmente avec le dosage en ciment. Mais en littérature on associer ce dosage à celui de l'eau par le rapport C/E. Selon **Bolomey** d'après [1,5,7], la relation qui lie la résistance du béton au rapport C/E est donné par la formule suivante :

$$R_{c28} = G.C_E (\frac{C}{E} - 0.5) \dots\dots\dots\dots\dots\dots\dots\dots(\textbf{I.3})$$

Avec R_{c28} : résistance moyenne en compression a 28 jours, C_E : classe vraie du

ciment a 28 jours,

C : dosage en ciment (kg/m^3),

E : dosage en eau totale sur matériaux secs (l/m^3),

G : coefficient granulaire qui dépend de la nature des granulats.

. **De La température :**

En pratique les bétons sont préparés sur une plage de température très variée et demeurent aussi en service à des différentes températures. La plage de température a été considérablement élargie avec des constructions de plus en plus modernes dans des pays à climat chaud. Parallèlement de nouvelles structures, telles que les plates-formes de forages, sont érigées dans des régions très froides. En conséquence, la connaissance des effets de la température sur les propriétés du béton et en particulier la résistance est d'une grande importance. Il faut signaler que cette influence est différente au jeune âge et à l'état durci en particulier après 28 jours.

Une augmentation de la température de murissement accélère les réactions chimiques d'hydratation et affecte ainsi avantageusement la résistance au jeune âge du béton, bien qu'elle puisse avoir un effet inverse sur la résistance à 7 jours. En effet, une hydratation initiale rapide peut conduire à la formation de produits d'hydratation présentant une structure physique moins compacte, probablement plus poreuse. Au contraire l'effet de la température est inversé à l'âge de 28 jours, une réduction significative des résistances à 28 jours a été observée ; à titre d'exemple, un jour à 38°C conduit à une réduction d'environ 10% et trois jours à 38°C se traduisent par une réduction d'environ 22%. La figure 1.4 explique bien ces phénomènes.

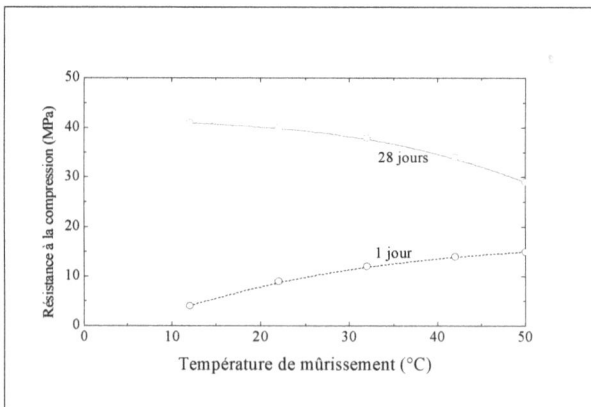

Figure I.4 Influence de la température de murissement sur la résistance à la compression à 1 et 28 jours [1]

. Des adjuvants :

Selon le type d'adjuvant utilisé, chaque type d'adjuvant affecte une ou plusieurs caractéristiques des bétons. En générale les plastifiants ou les super plastifiants et les entraîneurs d'air ont une influence sur la résistance. Le premier est utilisé comme réducteur d'eau, de nombreux travaux ont permis de mettre en œuvre l'amélioration de la résistance à la compression en l'utilisant avec des faibles quantités allant de 1% à 3%.

En se référant à la figure 1.5, on voit bien l'effet d'un ajout super plastifiant sur la résistance au jeune âge d'un béton dosé à 370 kg/m^3.

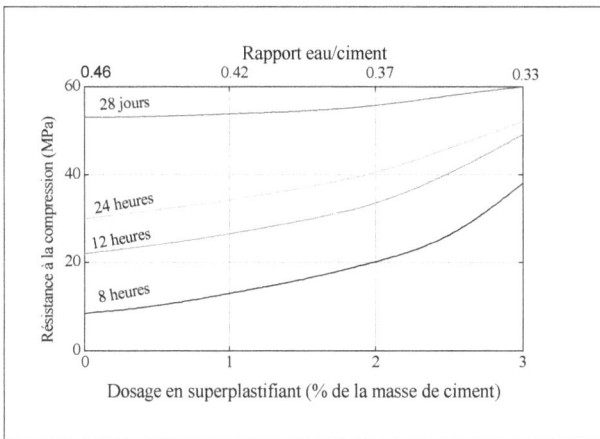

Figure I.5 Influence de l'ajout d'un super plastifiant sur la résistance au jeune âge d'un béton dosé à 370 kg/m^3 et mis en place a la température ambiante [I].

Le deuxième adjuvant est utilisé pour créer des bulles d'air dans le béton pour éviter les effets néfastes du gel sur le béton qui se traduisent généralement par la chute de résistance.

. De La porosité :

La résistance du béton est fondamentalement dépendante du volume des vides qu'il comporte. Une gamme de matériaux confirme cette relation, strictement parlant, la résistance du béton est influencée par le volume de tous les vides contenus dans le béton : air occlus, pores capillaires, pores de gel et volume d'air entrainé. L'influence du volume des pores sur la résistance peut être représentée selon 1121 par trois types de relations:

Relation de **Balshin** $R_c = R_{c,0}(1-n)^{m_s}$

Relation de **Schiller** $R_c = R_{c,0} Ln(\dfrac{n}{n_0})$ ....(I.4).

Relation de **Ryshkewitch** $R_c = R_{c,0} Exp(-m_R.n)$

Ou

-n : porosité (volume des vides par rapport au volume total du béton),

-n_0 : porosité a contrainte nulle

-R_c : résistance du béton de porosité n,

- $R_{c,0}$: résistance correspondant a une porosité nulle,

- m_B et m_R : constantes empiriques.

   D'après les relations 1.4 on voit bien que la résistance décroit en fonction de la porosité. Enfin il faut noter que plusieurs paramètres influent sur la résistance, on s'est contenté d'expliciter les paramètres les plus importants, d'autres n'ont pas été cités tels que : La résistance des granulats, l'âge du béton,

La mise en œuvre (le malaxage ; le serrage).

I.1.3.2 Les variations dimensionnelles :

   Le béton subit des variations dimensionnelles spontanées tout au long de son durcissement et peuvent prendre la forme de retrait lorsqu'il est conservé à l'air libre ou de gonflement lorsqu'il est conservé dans l'eau. En générale le retrait est plus considéré par rapport au gonflement puisque dans la plus part du temps les ouvrages en béton sont exposés à l'air libre sauf pour les ouvrages qui sont en contact avec l'eau.

   On distingue deux principaux types de retraits : le retrait endogène et le retrait de séchage.

   Le retrait endogène : est la conséquence de l'absorption de l'eau des pores capillaires due à l'hydratation du ciment non encore hydraté, phénomène connu comme l'auto dessiccation. L'ordre de grandeur de ce type de retrait est faible relativement à celui du retrait de séchage, ces valeurs habituelles sont de 40 x10^{-6} à l'âge d'un mois et de 100 x10^{-6} au bout de 5 ans [1]. Le retrait endogène tend à augmenter lorsque la température est plus élevée et lorsque le dosage en ciment est plus élevé.

   Le retrait de séchage : est du à l'évaporation de l'eau d'un béton conservé à l'air non saturé. Les valeurs du retrait de séchage sont assez élevées, de l'ordre de 4000 à 10000 x10^{-6} [1,13]. Il faut noter que le retrait de séchage dépend essentiellement de l'humidité relative de l'air et du temps de conservation, plus le milieu est sec, plus le retrait de séchage est grand et plus la durée de cure est grande plus le retrait est grand.

Le retrait est influencé par plusieurs facteurs, parmi ces facteurs on trouve :

. Le rapport E/C :

Si l'on considère uniquement le retrait de la pâte de ciment hydraté, on constate qu'il est d'autant plus grand que le rapport eau/ciment est plus élevé, car ce dernier détermine la quantité d'eau évaporable dans la pâte, des études réalisées ont montré que le retrait d'une pâte de ciment hydraté est directement proportionnel au rapport eau/ciment lorsque celui-ci reste compris entre 0.20 et 0.60 [1,2].

. Le dosage en granulats :

Le facteur le plus important influençant le retrait concerne les granulats qui limitent la quantité de retrait. Le rapport entre le retrait du béton, ε_b, et le retrait de la pâte de ciment pur ε_p, est fonction de la teneur en granulat G (%), ainsi on a :

Les valeurs expérimentales de l'exposant n varient entre 1.2 et1.7 ; un certain pourcentage de cette variation est dG a la relaxation des contraintes dans la pâte de ciment par fluage. La double influence du rapport eau/ciment et de la teneur en granulats peut être combinée dans un seul graphique (figure I.6), dans cette figure on voit bien que le retrait diminue en fonction du dosage en granulats

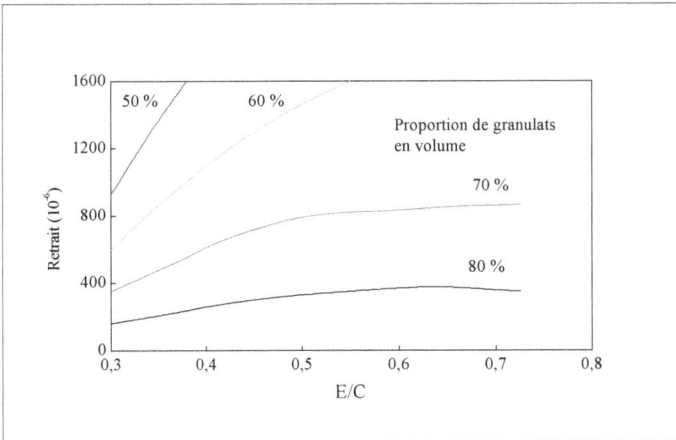

Figure I.6 Influence du rapport E/C et de la teneur en granulats sur le retrait [1].

I.1.4 Influence de la nature du sable sur la maniabilité et sur la résistance à la compression du béton :

Une comparaison entre deux bétons de hautes performances a été réalisée dans la région de Nice par **M.Bertrandy** [10]. Les matériaux utilisés sont :

Les granulats :

-Sable concassé de calcaire 0.1/2.5 mm avec 11% de fines dont le diamètre est inférieur à 80 μm. Le module de finesse M_f =2.33 et l'équivalent de sable ES_V=88.

-Sable concassé roulé 0/5 mm d'origine siliceuse, avec 2% de fines passant au tamis 80μm. Le module de finesse Mf =2.39 et l'équivalent de sable ES_V =91%.

-Gravillon calcaire concassé 6/14 mm avec 3% de passant au tamis 6.3 et 6% de refus au tamis 12.5. Il s'agit de granulats durs est poreux.

-Gravillon calcaire concassé 10/20 mm avec 2% passant au tamis 10 mm et 2% de refus au tamis 12.5 mm. Il a la même origine géologique que le gravillon précédent.

Les adjuvants :

-Un super plastifiant Durciplast à été utilisé afin de réduire le rapport E/C. Le dosage en adjuvant est pris égal a 2% du poids du ciment.

- Un retardateur de prise Chrytard à été ajouté dans le but de conserver la maniabilité. Les résultats des essais concernant l'évolution de l'affaissement du béton dans le temps mesuré au cône d'Abrams sont groupés dans le tableau I.3

Tableau 1.3 Maintien de la maniabilité des deux bétons [10].

Temps écoulé	Affaissement				
	T0 valeur initiale	15 mn	30 mn	45 mn	1 heure
Béton avec sable calcaire	15	20	20	18	13
Béton avec sable siliceux	14	19	19	17	11

Les essais mécaniques réalisés sur trois éprouvettes 16x32 cm par essai, conservées selon les normes en vigueur, ont donné les résultats représentés sur la figure I.7.

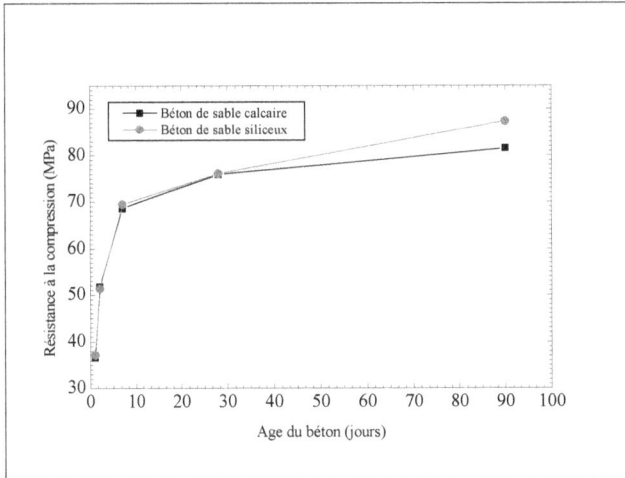

Figure 1.7 Evolution de la résistance à la compression des deux bétons avec le temps [10].

Les deux sables ont donné des bétons qui ont un comportement rhéologique satisfaisant et qui sont proches l'un de l'autre. Les auteurs ont remarqué que les sables calcaires absorbent beaucoup d'eau et qu'ils relâchent ensuite au cours du temps, à fortiori lorsqu'ils utilisent des matériaux secs.

Les résultats des essais de résistance à la compression obtenus à différentes échéances sont bons pour les deux bétons, il est clair qu'ils sont les mêmes jusqu'à l'âge de 28 jours. Après une telle échéance, on note une augmentation de la résistance des bétons à sable siliceux par rapport à celles des bétons confectionnés avec du sable calcaire. On enregistre une différence d'environ 6 MPa après 90 jours de leur fabrication.

I.2 Les bétons légers

I.2.1 Généralités sur Les bétons légers

Bien que connus depuis plus d'un demi-siècle, les bétons légers ont été relativement peu employés. Toutefois, la crise du logement liée au manque considérable en matériaux de construction ainsi que la consommation d'énergie de chauffage et de rafraichissement des locaux qui ne cesse d'augmenter, ont provoqué un regain d'intérêt pour l'utilisation des matériaux locaux et des déchets industriels. Leur transformation en bétons légers demeure l'une des solutions les plus économiques afin d'y pallier à ces problèmes.

1.2.1.1 Définitions et classification:

Les Bétons Légers sont des bétons constitués de granulats de faible densité (billes de polystyrène, argile, schiste, particules de bois...etc.) ou éventuellement de mousse cellulaire. Ils sont utilisés dans la rénovation sur plancher bois, pour les travaux de remise à niveau, de ravoirage de sols, et dans l'allègement des structures. L'utilisation des bétons légers en construction signifie par de la une amélioration des performances thermiques, une manutention plus aisée, un gain de temps et de matériel et donc un positionnement plus intéressant par rapport à la compétitivité économique.

La commission **RILEM, 1970 [14]** des bétons légers propose de définir les bétons légers comme étant des bétons dont la masse volumique apparente sèche est inférieure à 1800 kg/m^3. D'autres institutions adoptent des définitions un peu différentes, d'après [15], la commission **l'American Concrete Institute, 1970** limite la masse volumique apparente des bétons légers à 1800 kg/m^3 après séchage à l'air pendant 28 jours. En Allemagne, la norme **DIN 1042, 1972** limite la masse volumique apparente d'un béton léger à 2000 kg/m^3. Par ailleurs, et dans l'objectif d'aider à déterminer la nature des essais à effectuer ainsi qu'à évaluer et interpréter les résultats et programmer la recherche. **J.L Kass** et **D Compbell, 1972[1]** de l'institut de génie civil de l'université de Sydney en Australie ont adopté une classification fonctionnelle des bétons légers selon leurs utilisations dans la construction (Tableau.l.4).Cette classification a été recommandée par la suite par la commission **RILEM[14].**

Tableau I-4 : Classification fonctionnelle des bétons légers selon 1171.

Classe	I	II	III
Type de béton léger	Béton léger de construction	Béton léger de construction et d'isolation	Béton léger d'isolation
Masse volumique (kg/m^3)	< 1800	Non précisée	Non précisée
Résistance à la compression (MPa)	— > 15	>3.5	> 0.5
Conductivité thermique (W.m^{-1}.K^{-1})		< 0.75	< 0.30

Une autre classification des bétons légers est celle de la norme **ACI 21 213R-87**. Celle-ci classifie les bétons légers en fonction de la masse volumique en trois catégories (Tableau 1.5) **[18,19,20,21]**.

Tableau I.5. Classification des bétons légers selon la norme **ACI 21 213R-87 [19]**.

Classe du béton	Masse volumique (kg/m^3)	Résistance a la compression (MPa)
Béton de granulats léger de structure	1350 à 1900	≥ 17
Le béton de résistance moyenne	800 à 1350	7 à 17
Le béton léger de faible masse volumique	300 à 800	-

I.2.1.2 Différences entre bétons classiques et bétons légers :

Malgré leurs bonnes qualités, les bétons classiques ont toujours présenté des inconvénients à savoir :

.Le poids propre des éléments de béton très élevés qui peuvent présenter un grand pourcentage de charge de structure.

.Exigence d'un sol de forte capacité de portance.

.Mise en œuvre assez délicate (coffrage et coulage).

.Caractéristiques thermiques et phoniques médiocres **[11,22]**. En revanche

31

l'utilisation d'un béton de faible masse volumique peut être bénéfique en terme :

- D'éléments porteurs de faible section
- Mise en œuvre facile et par conséquent une productivité élevée.
- Permet de construire sur des sols de faible capacité de portance
- Procure une meilleure isolation thermique et phonique [1].

La faible masse volumique des bétons légers provient de leur porosité élevée. Cette porosité peut être localisée dans trois endroits :

o Au sein des granulats : c'est le cas **des bétons de granulats légers**.

o Dans la pâte du ciment : c'est le cas **des bétons cellulaires.**

o Entre les gros granulats par suppression des granulats fins : c'est le cas **des bétons caverneux.**

La figure 1.8 montre une représentation schématique des différents types de bétons légers.

Béton cellulaire   Béton caverneux léger   Béton de granulats

Figure 1.8 Représentation schématique des différents types de béton légers.

La figure 1.9 présente une classification proposée par Lafarge Béton Granulats

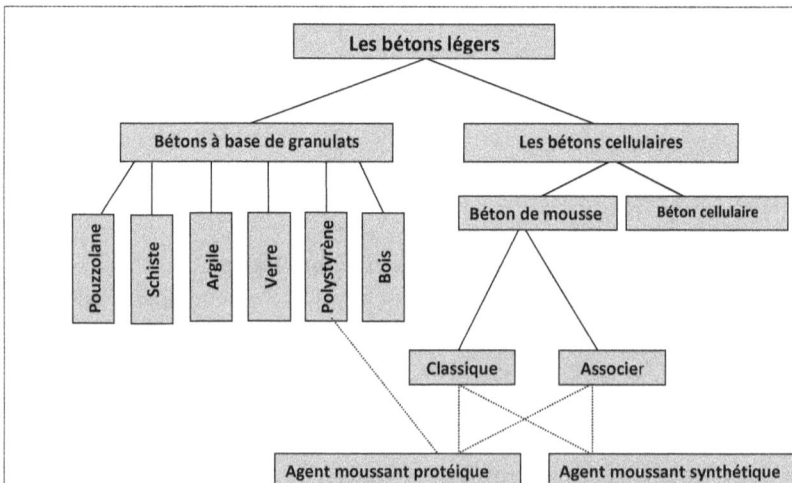

Figure 1.9 Classification des bétons légers d'après Lafarge Bétons Granulats d'après **[23]**.

I.2.1.3 Domaine d'utilisation des bétons légers
Selon leur résistance, les bétons légers sont utilisés soit comme :
- **Béton de structure :** c'est le cas des bétons léger de haute performance, les bétons au laitier expansé, à l'argile frittée Expansée, aux cendres volantes…etc.
- **Isolant porteur :** c'est le cas des bétons a la pierre ponce, béton à l'argile expansé…etc.
- **Isolants :** leur résistance est faible, dans cette catégorie on peut citer :
    - Les bétons de Bois.
    - Les bétons de polymère.
    - Les bétons à la perlite.
    - Les bétons à la vermiculite.
    - Les bétons cellulaires.
- Dans la construction on les utilise comme :
    - Bloc de maçonnerai
    - Panneau préfabriqué.
    - Mur anti-bruit.
    - Bardage.
    - Ouvrage extérieur.
    - EIément de cave.
    - Entrevous et hourdis.
    - Les pavés

I.2.1.4 Les bétons de granulats légers :
Ce sont des bétons dans lesquels des granulas normaux ont été remplacés par des granulas légers, ils peuvent être pleins ou caverneux, dans ce dernier cas, la granulométrie est fortement discontinue et les éléments fins sont partiellement ou totalement supprimés.

Les comportements physiques et mécaniques des bétons de granulas légers sont dictés par le type de granulats légers utilisés, et par leurs propriétés physiques et mécaniques d'une part, et d'autre part par la nature de la matrice utilisée. Selon les exigences demandées et selon le béton utilisé, le choix du type de granulats et de la nature de la matrice s'avère important.

1.2.1.4.1 Classification des granulats légers :
Les granulats légers peuvent être classés selon leur nature comme suit :

.Matériaux minéraux naturels non préparés : Par définition ce sont des matériaux qui n'ont subi que des traitements mécaniques tels que lavage, broyage, tamisage. Les granulats les plus connus dans cette catégorie sont : la ponce, les pouzzolanes, les roches d'origines volcanique, les tufs calcaires ou volcaniques [18,24].

.**Matériaux minéraux naturels préparés** : Ce sont des matériaux spécialement traités en usine en vue de leur emplois dans le béton légers , cette catégorie de granulats est la plus importante et on y trouve en particulier : l'argile, le schiste et l'ardoise expansées ou frittées, la perlite expansée et la vermiculite exfoliée .

. **Déchets industriels non préparés** : Ce sont des déchets de l'industrie qui ne subissent pas de traitement particulier à part, dans certains cas un traitement mécanique de tri.

Le principal granulat dans ce type est le mâchefer, résidu de la combustion des charbons gras du coke ou des ordures ménagères [24].

. **Déchets industriels préparés** : Ce sont en générale des sous produits de l'industrie qui doivent subir divers traitements en vue de leur transformation en granulats légers. Les granulats de ce type les plus répandus sont : le laitier expansé ou granulé, les cendres volantes frittées ou expansés et le verre expansé

. **Matériaux organiques** : dans cette catégorie on classe des produits qui sont soit des polymères solides de synthèse, soit des matériaux d'origine végétale, on peut ranger dans cette catégorie les granulats de polystyrène expansé qui sont assez répondus les granulats de bois (copeaux ou sciure).

Les deux derniers types de granulats ont fait l'objet de plusieurs études puisque leur utilisation rentre dans le cadre de la valorisation des déchets qui est une politique suivie dans presque tous les pays visant le coté économique de ces types de granulat, ainsi que l'aspect environnemental.

En effet plusieurs travaux ont été réalisés ou la matrice est composée essentiellement de déchets industriels ou de matières locales [17,24,25,26,27,28,29,30,31,32,33]. L'allégement de la matrice a été réalisé par différents procédés à savoir, l'utilisation de granulats légers, notamment, les granulats de bois et de caoutchouc, ou la création d'une structure cellulaire, soit par réaction chimique, ou par entrainement d'air. Tous ces travaux ont montré l'intérêt de l'allégement des matériaux élaborés dans l'amélioration des performances thermiques, tout en conservant une résistance mécanique suffisante.

1.2.1.4.2 Propriétés physico mécaniques et thermiques des Granulats légers:

Chaque propriété des granulats légers peut avoir une influence sur les caractéristiques du béton frais ou du béton durci. Le choix du type de granulats légers doit prendre en considération chaque propriété du granulat. Les propriétés spécifiques des granulats pouvant avoir une influence sur les caractéristiques du béton sont :

> **Forme des grains et aspect de surface :**

La forme et en particulier l'aspect de surface influent sur l'adhérence matrice-ciment. Les granulats légers peuvent présenter des différences considérables quant à la forme et l'aspect des grains, suivant l'origine et les procédés de fabrication, la forme peut être cubique et assez régulière, en majorité arrondie ou anguleuse et irrégulière. Les aspects de surface peuvent aller depuis l'aspect relativement lisse avec des alvéoles fins jusqu'à l'aspect irrégulier avec des alvéoles petits ou gros.

> **Taille des granulats :**

La taille des granulats légers a une influence très importante sur presque toutes les caractéristiques physiques et mécaniques des bétons.

Selon leurs grosseurs les granulats légers sont classés en deux classes:

• **Les granulats légers fins :**

Ils sont principalement composés de matériaux cellulaires d'origine minérale, conforme aux prescriptions suivantes :

a) Ils conviennent à la fabrication de béton léger.

b) Ils ont une granulométrie inférieure à 5 mm.

c) Ils ont une densité sèche inférieure à 1100 kg/lm^3.

• **Les gros granulats légers :**

a) Ils conviennent a la fabrication de béton léger de structure.

b) Ils ont une granulométrie de 5 à 19mm.

c) Ils ont une densité sèche inférieure à 880 kg/m^3.

> **Masse volumique :**

Grace à leur structure cellulaire, les granulats légers ont une masse volumique plus faible que celle des granulats normaux. Elle est fortement liée à la porosité du granulat et à la densité de la matière d'origine du granulat. Le tableau 1.6 fixe le choix des granulats en fonction de la classe du béton :

Tableau I.6 Choix des granulats en fonction des classes de béton [20].

Dénomination	Classe du béton	Masse volumique apparente des granulats (kg/m^3)		
		<350	de 350 à 550	>50
Isolant thermique	I	(+)	+	0
Isolant thermique	I	(+)	+	0
Isolant thermique et /ou porteur	II	+	(+)	+
De structure	IV	0	(+)	+
De structure de haute résistance	V	0	+	(+)

(+) utilisation recommandée   + utilisation possible   0 utilisation impossible

> **Résistance des granulats :**

La résistance des granulats varie selon leur type et leur origine,   les granulats de béton de structure, généralement durs et résistants et contribuent en conséquence dans la résistance du béton. Pour les bétons destinés à la fabrication d'éléments de construction isolants et isolants porteurs, la résistance des granulats n'est pas d'une grande importance,   puisqu'en générale ces granulats sont friables et peut solides et ne contribuent en aucun cas à la résistance, bien évident, ils sont a l'origine des faibles résistances de ces bétons. Il n'y a pas de corrélation nette entre la résistance des granulats légers et celle du béton.

La caractérisation de la résistance des granulats pose un problème, en effet les essais mécaniques de base (compression et traction) leur sont donc inapplicables vu leur forme géométrique irrégulière et la différence entre leur structure interne et externe. Il en est de même des essais routiers classiques (Los Angeles, fragmentation dynamique, micro-Deval) sont imprécis et peut représentatifs.

Au cours des dernières années, trois essais ont donné lieu à des études précises en vue d'une meilleure compréhension du rôle des divers paramètres de la résistance mécanique des granulats légers, l'essai le plus classique est l'essai "au pot", dérivé directement de la norme soviétique **G0ST9758-68 [18].** Il se réalise par mesure de la pression nécessaire pour enfoncer de 20 mm un piston dans un récipient rempli de granules.

En 1976, selon **1181** le **CTBB de France** a mis au point un nouvel essai dit de « compression isostatique » qui consiste à mesurer la pression hydrostatique nécessaire à l'écrasement d'un granule entouré d'une gaine souple et plongé dans un bain d'huile mis sous pression.

D'aprés [18], **Armines** a également mis au point un autre essai nouveau dit de "rupture au fil" qui consiste à rompre les granulats par serrage dans une boucle d'un fil. Chaque granulat est caractérisé par une résistance au fil f_{tg}, rapport de la force de traction F exercée sur le fil lors de la rupture à l'aire S de la surface de rupture : $f_{tg}=F/S$.

> **Porosité et absorption :**

Les Granulats légers sont caractérisés par une très grande porosité qui varie entre 25 et 75% [18, 19,34]. La taille et la distribution des pores influent la résistance des granulats, mais surtout leurs propriétés d'absorption. Par ailleurs, la porosité des granulats varie proportionnellement à la taille des grains.

En raison de leur structure poreuse, les granulats légers ont tendance à absorber plus d'eau que les granulats normaux. Un essai d'absorption de 24 heures montre que les granulats légers absorbent généralement 5 à 20% en poids du granulat sec [1,35]. Cette absorption dépend de la structure des pores du granulat (porosité ouverte ; porosité fermée), de leur taille et de la morphologie interne des granulats.

La capacité d'absorption des granulats légers a une grande importance dans l'étape du malaxage. Lorsqu' une certaine quantité d'eau est mélangée, la quantité disponible pour humidifier le ciment et permettre la réaction d'hydratation dépend de la quantité d'eau absorbée par les granulats légers. Cette quantité peut être nulle lorsque les granulats légers ont été préalablement immergés pendant une longue période, alors qu'elle peut être très importante, selon le type de granulat léger, lorsqu'ils ont été préalablement séchés au four. Entre ces deux cas extrêmes, la quantité d'eau absorbée par les granulats séchés à l'air peut varie entre 70 et 100 kg par m^3 de béton après leur introduction dans le malaxeur [1,34].

Apres 24 heures, l'absorption des granulats légers se situe entre 5 à 20 % de la masse du granulat a l'état sec, mais ne dépasse habituellement pas les 156 % dans le cas des granulats de bonne qualité utilisés dans les bétons structuraux.

> **Caractéristiques thermiques des granulats légers :**

En générale, les propriétés thermiques des bétons légers sont directement liées à celles des granulats, ainsi qu'au degré de saturation du matériau. Les granulats légers manufacturés, obtenues à partir de procédés à très haute température, sont généralement caractérisés par une meilleure stabilité thermique que les granulats rigides naturels.

Le tableau 1.7 donne certaines caractéristiques de granulats légers regroupées de différentes littératures :

Tableau I.7 Caractéristiques des granulats légers

Granulats	Masse volumique (kg/m³)			Porosité (%)	Taux d'absorption à 28 jours	Conductivité thermique (W.m⁻¹K⁻¹)
	Masse volu de la matière (kg/m³)	Masse volu des grains (kg/m³)	Masse volu appar (kg/m³)			
Bois résineux légers [36,37]	450/550	255	120	72	150/300	0.12
Bois résineux milourds [38,7]	300/450	300	/	58	100/250	0.15
Polystyrène expansé [39,40]	1100	20/80	10	90/97	1.37 / 4.63	0.027/0.037
Argile expansé [18,38]	2660	848/1212	518 / 656	68	30	0.14
Schiste expansé [18]	2710	1193	698	56	11.3	/
Laitier expansé [18,41]	2900	1550	700 / 850	50	11	/
Perlite [18]	/	30 /180	/	/	/	0.06
Vermiculite [18]	/	50 / 125	/	/	/	0.07
Pouzzolane [20]	/	1865	780 / 910	55	21	/

I.2.1.4.3 caractéristiques physico-mécaniques et thermiques Des bétons de granulats légers
> Masse volumique

La masse volumique est une caractéristique fondamentale du béton léger. Elle dépend principalement de la masse volumique des granulats et de la composition du béton léger et en particulier du rapport G/S, du volume absolu de granulats légers au volume absolu de sable. Mais la définition d'une masse volumique de référence n'est pas sans difficulté, du fait de l'importance de la quantité d'eau contenue dans le béton léger frais et de ces variations l'hors du durcissement. On définie la masse volumique sèche, noté ρ_s, comme étant la masse volumique qu'aurait le béton léger une fois toute l'eau ne servant pas à l'hydratation du ciment s'évaporait, elle doit être mesuré à 28 jours après séchage à l'étuve à 100°c [5,18, 34].Le diagramme suivant montre les différentes gammes de masse volumique pour les différents types de bétons légers.

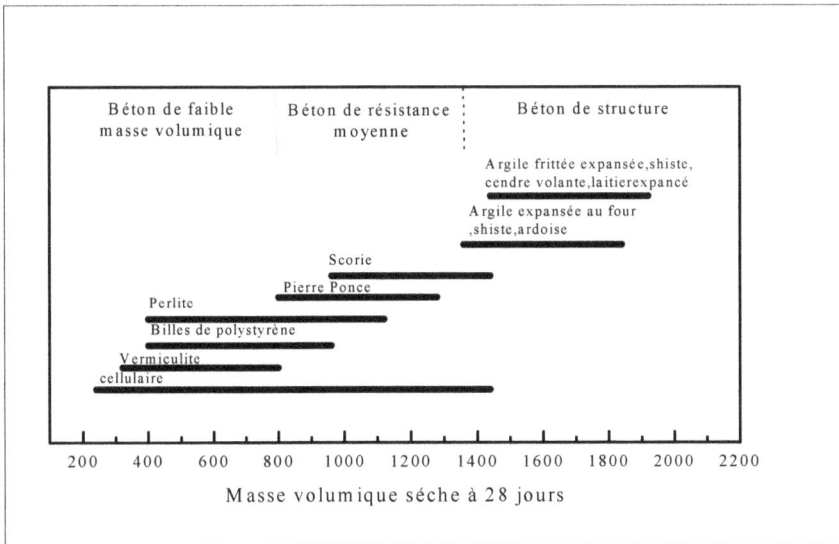

Béton de faible masse volumique	Béton de résistance moyenne	Béton de structure

Argile frittée expansée,shiste, cendre volante,laitierexpancé

Argile expansée au four ,shiste,ardoise

Scorie

Pierre Ponce

Perlite

Billes de polystyrène

Vermiculite
cellulaire

200 400 600 800 1000 1200 1400 1600 1800 2000 2200

Masse volumique séche à 28 jours

Figure I.10 Masse volumique sèche habituelle de bétons confectionnés avec différents types de granulats légers fondée partiellement sur la norme **ACI213R-87 [1,42]**.

> **Résistance à la compression :**

En général presque tous les bétons légers présentent des résistances à la compression inférieurs à celles des bétons ordinaires ; cependant quelques types de bétons légers, évidemment par ajout de produits peuvent atteindre des résistances similaires à celles du béton classique, c'est le cas des bétons légers de haute performance BLHP **[43]**.

La qualité des granulats est considérée comme le principal facteur limitant la résistance en compression des bétons de granulats légers, vient ensuite la qualité de la matrice utilisée et la masse volumique du béton durci. Plusieurs résultats témoignent d'un plafond de résistance de 60 à 70MPa **[19,34,44]** en compression pour une masse volumique de 1800 à1900 kg/m^3, difficile de dépasser avec des granulats légers. Cependant la résistance en compression est influée par plusieurs paramètres dont on peut citer :

• **Le dosage en ciment :**

Il est bien évident que, pour tous les bétons, la résistance en compression est proportionnelle au dosage en ciment. Cette loi est vraie aussi pour les bétons légers mais il faut noter qu'à partir d'un certain seuil, une augmentation du dosage en ciment n'aurait pas d'influence sur la résistance. Cette notion se justifierait par le fait que la rupture du béton léger se produit par cassure des granulats légers, qui sont moins résistants que le mortier. De ce fait, la résistance du béton léger serait ''plafonnée'' par celle des grains, et à partir d'une certaine valeur, l'augmentation de la résistance du mortier n'aurait plus d'incidence sur celle du béton. La figure I.11 montre les variations de la résistance en compression de différents bétons légers en fonction du dosage en ciment, et on peut bien voir que la résistance augmente en fonction du dosage en ciment et qu'il existe un seuil de dosage au-delà de lequel la Résistance reste constante.

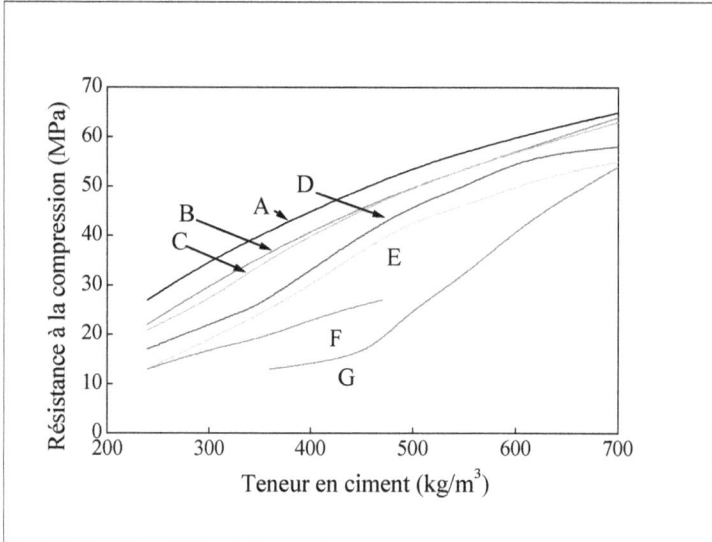

Figure I.11 Relation entre la résistance à la compression à 28 jours (mesurée sur cube) et le dosage en ciment des bétons ayant un affaissement de 50 mm et confectionnés avec différents types de granulats [1].

Graphe	Désignation
A	cendres volantes frittées et granulats ordinaires
B	laitier de haut fourneau en boulettes et granulat fin ordinaire
C	cendres volantes frittées
D	schiste fritté
E	ardoise expansée
F	argile expansée et sable
G	laitier expansé

• **Le dosage en eau**

Il est bien évident que la résistance du béton est d'autant plus élevée que la quantité d'eau de gâchage est plus faible. Dans le cas des bétons de granulats légers il se produit des phénomènes, parfois mal expliqués : dus à l'absorption d'eau par les granulats lorsqu'on fait varier la quantité absorbée par ces granulats.

En principe, si les granulats sont secs et très absorbants, l'absorption d'eau par les granulats, avant prise, risque de dessécher le mortier situé à la périphérie du granulat et dans cette zone, le ciment risque de ne pas pouvoir s'hydrater complètement. Ce qui peut conduire à une chute de la résistance du béton. Dans le cas de granulats saturés, le départ d'eau des granulats vers le mortier risque de délaver le mortier situé à la périphérie des grains. Et surtout le sens de migration de l'eau risque d'empêcher la pénétration du mortier dans les pores des granulats légers et de réduire les liaisons entre le mortier et les granulats et par suite la résistance du béton.

Le comportement du béton léger n'apparait quand même pas facile à comprendre. En pratique, au souci de la recherche d'une résistance élevée s'ajoutent les impératives de la mise en œuvre : le béton léger doit avoir une maniabilité correcte pendant 1 à 2 heures après sa fabrication [1,18]. Cela conduit à l'emploi quasi systématique d'un plastifiant réducteur d'eau.

• **Le dosage en granulats (rapport GIS) :**

Bien entendu, le rapport du volume de granulat G, au volume absolu de Sable S, joue un rôle considérable dans la résistance du Béton léger, plus il augmente plus la proportion des granulats légers (point faible du Béton) augmente et plus la résistance diminue, mais la masse volumique du béton est d'autant plus faible que le rapport G/S est élevé. Il faut donc trouver un compromis entre les deux besoins contradictoires : Faible masse volumique et forte résistance exige en pratique un apport G/S compris entre 1.5 et 1.8, il peut atteindre 1.90 mais cela conduit à des bétons assez fragiles [1,34].

• **Les caractéristiques des granulats légers utilisés :**
o **Masse volumique des grains**

La caractéristique des granulats légers qui a le plus d'Influence sur la résistance du béton est la masse volumique des grains. Plusieurs études ont montré que la résistance à la compression des bétons légers est proportionnelle à la masse volumique des grains et du faite que la masse volumique sèche du béton est étroitement liée a celle des granulats.

Il est possible d'exprimer la résistance du béton en fonction de sa masse volumique. La figure I.12 et I.13 montrent les variations de la résistance à la compression en fonction de la masse volumique sèche du béton pour les bétons de structure et celle des bétons de faibles résistances et on voit bien que cette résistance augmente lorsque la masse volumique du béton augmente.

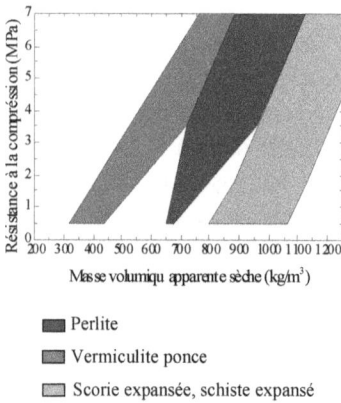

Perlite

Vermiculite ponce

Scorie expansée, schiste expansé

Figure 1.12 Relation entre la résistance à la compression et la masse volumique du béton léger de faible résistance [42].

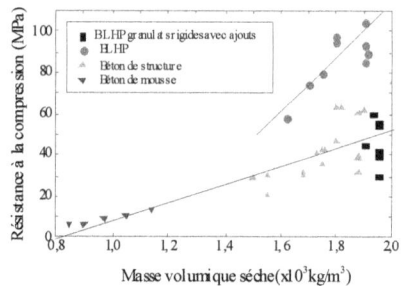

Figure 1.13 Relation entre la résistance à la compression et la masse volumique du béton léger de grande résistance [19

0 Résistance des granulats :

Bien entendue, la résistance des granulats légers a une influence sur la résistance du béton, il faut noter que pour une masse volumique sèche donnée du béton légers, la résistance à la compression du béton croit avec la résistance des grains, l'analyse est évidement compliquée par le fait que la résistance des granulats légers dépend de leur masse volumique [18], une faible masse volumique traduit une forte expansion des grains et donc, la présence de nombreuse alvéoles dans les granulats, la présence de ces alvéoles se traduit par une chute de la résistance des grains, on prouvait donc s'attendre à ce qu' il existe une relation assez directe entre la résistance du béton et celle des granulats. La figure 1.14 montre une corrélation entre la résistance du béton léger et celle des granulats.

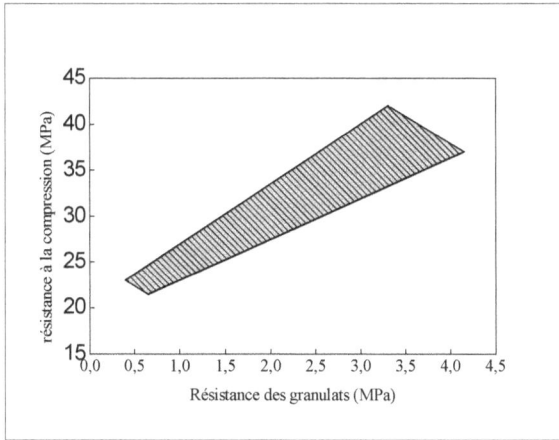

Figure I.14 Fuseau de la variation de la résistance du béton léger en fonction de celle des grains [18].

0 **Taille des granulats :**

Pour les granulats légers rigides utilisés généralement dans les bétons de structure, il est vrai qu'on obtient des résistances meilleures avec les gros granulats qu'avec des petits granulats. Mais pour les granulats légers utilisés dans les bétons de construction et d'isolation, le phénomène est inversé, puisque les gros granulats son relativement faible et leur résistance peut constituer une limite pour celle du béton [1].

> **Résistance à la flexion :**

Dans la plupart des bétons légers, la résistance à la flexion suit la résistance à la compression. Cette résistance est relativement faible, d'autant que la propagation des fissures s'effectue au travers des granulats légers et non au niveau des interfaces. Les résistances en traction peuvent atteindre des valeurs maximales de 5.0 à 7.6 MPa pour des bétons d'une masse volumique moyenne de 1940kg/m^3 [19,34]. Pour les granulats légers à caractère fibreux, leur action dans les bétons légers est similaire à celle observée dans les granulats rigides, c'est-a-dire qu'ils permettent essentiellement d'augmenter la ductilité du matériau.

Les bétons légers présentent à peu prés le même rapport R_t/R_c que les bétons ordinaires [29], ce rapport est influencé par :

-La grosseur des granulats.

- L'âge de l'échantillon.

-L'environnement de mûrissement.

43

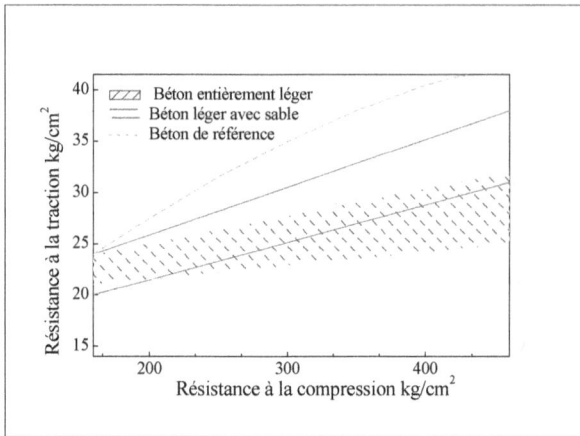

Figure I.15 Relation entre la résistance à la compression et la résistance à la traction [20].

La figure 1.15 montre la relation entre la résistance à la compression et la résistance à la traction, et on constate bien qu'il y a une bonne corrélation entre les deux résistances.

> **L'isolation thermique :**

L'une des caractéristiques les plus importantes des bétons légers est leur pouvoir isolant. Cette propriété est caractérisée par des paramètres thermo physiques qui sont : la conductivité thermique λ (W.m^{-1}.K^{-1}), la chaleur spécifique **c** (J.kg^{-1}.K^{-1}), la diffusivité thermique **a** (m^2/s) et l'effusivité thermique **b** (J.m^{-2}.s$^{-1/2}$.K^{-1}) [45,46].

Le pouvoir isolant est déterminé par la nature du matériau et celle du granulat. La figure 1.16 montre l'évolution de la conductivité thermique en fonction de la masse volumique du béton léger et on voit bien que la valeur de λ augmente avec la masse volumique.

La conductivité thermique est influencée par le degré de saturation du béton. En effet, la conductivité de l'air est plus faible que celle de l'eau, dans le cas des bétons légers, une augmentation de la teneur en humidité de 10% augmente la conductivité thermique d'à peu prés la moitié [1,45]. Dans le tableau 1.8 et d'après [11 **Loudon et Stacey** proposent les conductivités thermiques pour les différents types de bétons.

La figure 1.16 représente selon un fuseau les variations de la conductivité thermique en fonction de la masse volumique et on peut bien voir qu'elle augmente en fonction de la masse volumique.

Tableau 1.8 Valeurs de la conductivité thermique recommandée par **Loudon et Stacey** [1]

	Conductivité (Wm⁻¹.K⁻¹)							
	Pour un béton protégé des intempéries				Pour un béton exposé aux intempéries			
Teneur en eau (%)	5	5	5	2.5	8	8	8	5
Masse volum	Béton cellulaire	Béton léger avec laitier expansé	Béton léger avec argile expansée ou cendres volantes frittées	Béton ordinaire	Béton cellulaire	Béton léger avec laitier expansé	Béton léger avec argile expansée ou cendres volantes frittées	Béton ordinaire
320	0.109	0.087	0.130		0.123	0.100	0.145	
480	0.145	0.1]6	0.173		0.166	0.130	0.187	
640	0.203	0.159	0.230		0.223	0.173	0.260	
800	0.260	0.203	0.303		0.273	0.230	0.332	
960	0.315	0.260	0.376		0.360	0.289	0.433	
1120	0.389	0.315	0.462		0.433	0.360	0.519	
1280	0.476	0.389	0.562		0.533	0.4.33	0.635	
1440		0.462	0.678					
1600		0.549	0.794	0.706				0.808
1760		0.649	0.952	0.838				0.952
1920				1.056				1.194
2080				1.315				1.488
2240				1.696				1.904
2400				2.267				2.561

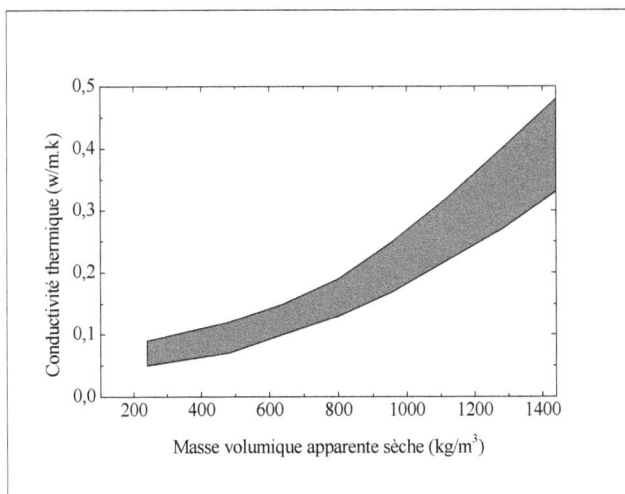

Figure 1.16 Variation de la conductivité thermique en fonction de la masse volumique [42].

> **Résistance au feu :**

Lorsqu'un élément en béton est soumis au feu, il se produit un nombre restreint de phénomènes qui peuvent le conduire à la ruine :

- L'éclatement ponctuel ou plus ou moins généralisé.
- L'affaiblissement progressif des caractéristiques mécaniques.

L'éclatement se produit en général assez rapidement, le plus souvent dans les 20 à 30 premières minutes de l'incendie, et a pour origine l'expansion de la vapeur en laquelle s'est transformée l'eau que contient toujours le béton, lorsque celle-ci dépasse un certain pourcentage du volume et qu'elle ne peut s'échapper librement. Pour les bétons de granulats légers, on estime que le risque d'éclatement disparait lorsque la teneur en eau descend en dessous de 5 à 7 %. On note également que ce risque est nettement moins élevé lorsque l'épaisseur des éléments dépasse 0.2 à 0.3 m.

En ce qui concerne l'influence du feu sur les résistances mécaniques, plusieurs études sur des bétons légers ont mis en évidence une sensibilité au feu relativement faible des bétons légers par rapport aux bétons traditionnels. La figue 1.17 montre que le béton léger présente une perte de la résistance à la compressions beaucoup plus faible que celle des bétons classiques et des bétons calcaires, après l'exposition à des températures comprises entre 100°C et 800 °C.

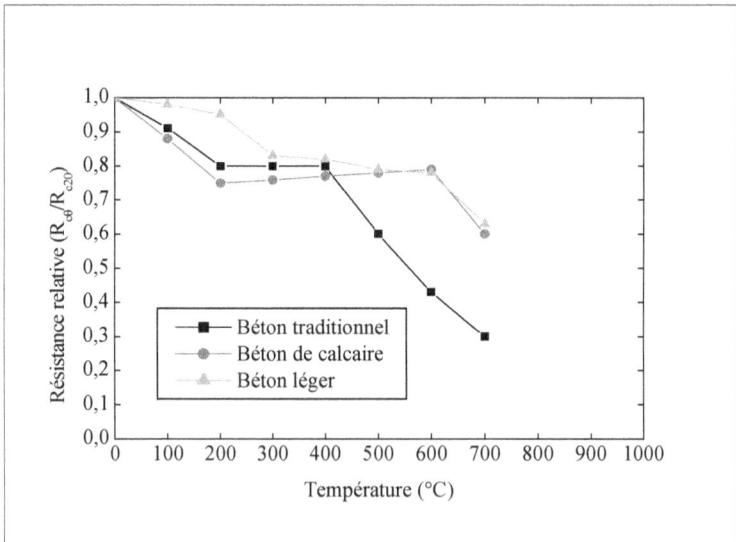

Figure I.17 Résistance à la compression du béton en fonction de la température **[18]**.

> **Durabilité :**

L'utilisation de granulats légers n'entraine pas d'effet préjudiciable sérieux sur la durabilité, si ce n'est lorsqu' ils sont saturés et soumis à des cycles de gel-dégel, parce que le réseau poreux d'un granulats est généralement discontinu [1,18, 19,34,47].

La porosité des granulats eux même ne modifie pas la perméabilité du béton, puisqu'elle est contrôlée par la perméabilité de la pâte. La faible perméabilité du béton de granulats légers est le résultat de plusieurs facteurs : la qualité élevée de l'interface granulat pâte, ce qui empêche l'écoulement autour des granulats, la compatibilité entre le module d'élasticité du granulat et celui de la matrice, de plus la réserve d'eau contenue dans les granulats permet la poursuite de l'hydratation du ciment et la réduction de la perméabilité [1].

Les grands volumes de vides occasionnés   par les granulats légers pourraient augmenter la perméabilité aux gaz des bétons de granulats légers, en particulier le CO_2 et l'on pense généralement qu'il est préférable d'assurer un recouvrement plus important des armatures [1,18,19].

La résistance au gel et à l'écaillage du béton est obtenue en combinant des granulats et une matrice de bonnes qualités. Bien que les granulats légers soit très absorbants, ils sont néanmoins très durables au gel. Lorsque les granulats légers sont saturés avant la fabrication du béton on augmente toute fois les risques d'endommagement du matériau, si ce dernier est soumis à des cycles répétés de gel-dégel comme les bétons ordinaires, l'air entrainé permet de protéger efficacement les matériaux contre le gel et l'écaillage [19].

En fin de ce paragraphe, nous pouvons réunir dans le tableau 1.9 l'ensemble des principales caractéristiques des bétons les plus couramment utilisés

> **Propriété élastique des bétons légers :**

L'excellente adhérence entre les granulats légers et la matrice élimine le développement prématuré de la microfissuration de liaison ainsi, la relation contrainte   déformation est linéaire, souvent jusqu'à atteindre 90% de la résistance finale [1]. Le béton légers présente un comportement particulièrement bon de sorte que les propriétés élastiques des granulats ont une influence plus grande sur le module d'élasticité du béton que dans le cas de celui de densité normale, parce que les propriétés élastiques du granulats sont influencés par son indice de vide et donc par sa densité, le module d'élasticité du béton légers peut s'exprimer en fonction de la masse volumique aussi bien que de sa résistance en compression. Mais généralement il est lié à la masse volumique du béton, les Bétons de 1500 à 1900 kg/m^3 sont ainsi caractérisés par un module d'élasticité de 15 à 25 GPa [19].

Tableau I.9. Les principales caractéristiques des bétons légers [1]

Type de béton		Masse volumique des granulats (kg/m³)	Masse volumique sèche du béton (Kg/m³)	Résistance à la compression à 28jours (MPa	Retrait de séchage (µm/m)	Conductivité thermique (W.m⁻¹K⁻¹)
Laitier expansé	Fin	900	1850	2	500	0.69
	grossier	650	2100	1	600	0.76
Argile expansée au four giratoire	Fin	700	1200	1	600	0.38
	grossier	400	1300	7	700	0.40
Argile expansée au four giratoire avec	grossier	400	1500	2	-	0.57
			1600	0	-	-
			1750	3	-	-
			1900	5	-	-
Argile frittée	Fin	1050	1500	2	600	0.55
	grossier	650	1600	5	750	0.61
Ardoie expansée au four giratoire	Fin grossir	950	1700	2	400	0.61
		700	1750	8	450	0.69
				3		
Cendres volantes frittée	Fin grossier	1050 800	1500	2	300	-
			1540	5	350	-
			1570	3	400	-
Cendres volantes frittées	grossier	800	1700	2	300	-
			1750	5	350	-
			1790	3	400	-
Pierre ponce		500-800	1200	1	1200	-
			1250	5	1000	0.14
			1450	2	-	-
Perlit		40-200	400-500	1.2-	2000	0.05
Vermiculite		60-200	300-700	0.3-	3000	0.10
Cellulaire	cendre volante	950	750	3	700	0.19
	sable	1600	900	6		0.22
Cellulaire autoclave		-	800	4	800	0.25

La figure I.18 montre que la variation du module d'élasticité en fonction de la masse volumique est linéaire. Les équations disponibles dans les différentes normes s'expriment néanmoins en fonction de la résistance, car elles sont générales et s'appliquent également aux bétons de granulats rigides.

La figure I.19 montre la différence entre les courbes contrainte-déformation des bétons traditionnels et des bétons légers. On peut voir dans cette figure que pour les bétons légers la déformation augmente plus vite que la contrainte et ceci est du à l'élasticité des granulats légers. En comparant les différentes classes de bétons légers sur la figure I.20, on voit que le module élastique des bétons de granulats légers augmente en fonction de la résistance du matériau de manière identique que les bétons traditionnels. Le matériau suit donc un comportement d'autant plus fragile que sa résistance est élevée. Les déformations maximales des bétons légers à haute performance sont de l'ordre de 3.3 à 4.6 mm/m pour des résistances comprise entre 50 et 90 MPa.

Elles sont supérieures à celles des bétons traditionnels de même résistance. Par ailleurs, le faible module élastique des granulats légers augmente non seulement les déformations instantanées du béton, mais également les déformations sous charge. En effet, contrairement aux granulats rigides, les granulats légers ne gênent pas les déformations de la pâte de ciment. En conséquence les variations dimensionnelles des bétons de granulats légers sont plus importantes que celles des bétons de granulats rigides.

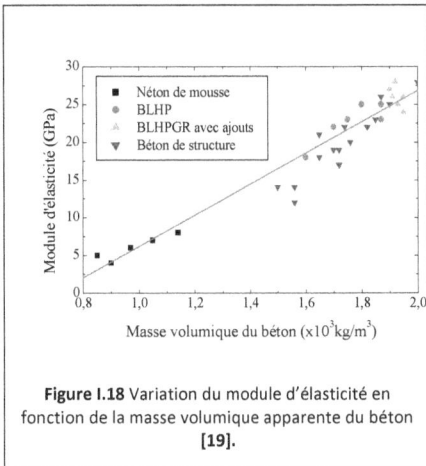

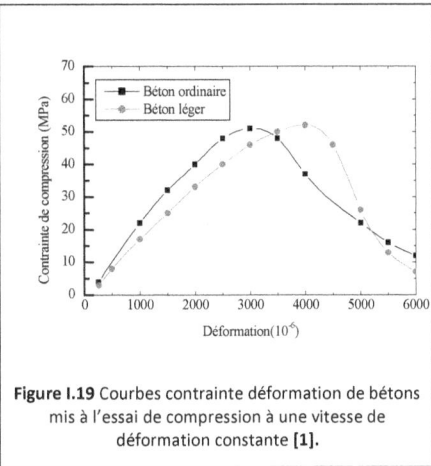

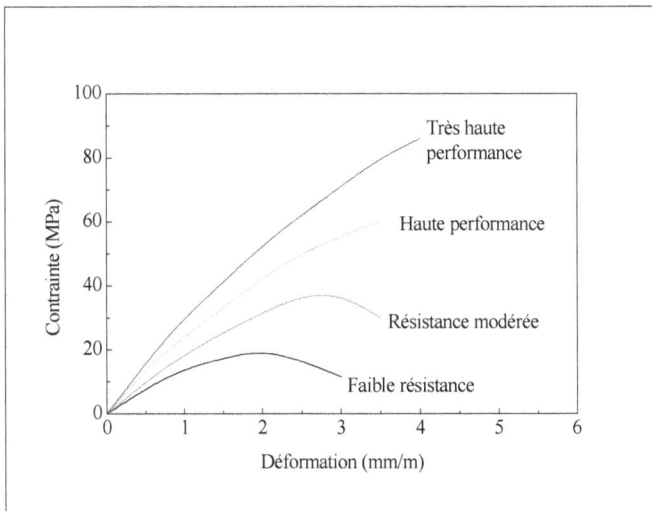

Figure I.18 Variation du module d'élasticité en fonction de la masse volumique apparente du béton [19].

Figure I.19 Courbes contrainte déformation de bétons mis à l'essai de compression à une vitesse de déformation constante [1].

Figure I.20 Relation contrainte déformation des bétons de granulats légers [19].

49

➤ **Coefficient de poisson :**

Les nombreux essais de module d'élasticité des Bétons légers ont aussi concerné les mesures de déformation dans la direction perpendiculaire à celle de l'effort appliqué, l'étude de ces essais indique que le coefficient de poisson pour le béton légers est à peu prés le même que celui du béton normal, étant donnée que cette propriété secondaire peut varier de 0.17 à 0.23 selon le béton considéré, on peut prendre en général une valeur de 0.2 pour les besoins du calcul pratique [1,11].

➤ **Transfert des efforts dans les bétons légers :**

Plusieurs auteurs se sont intéressé au phénomène de transfert des efforts dans les bétons légers et l'ont interpréter différemment :

-En 1977, le **CEB-FiB [48,49]** propose une première explication rationnelle du comportement des Béton légers. On se suppose alors qu'au cours d'un chargement en compression les efforts ont Plutôt tendance à cheminer dans le mortier en Contournant les granulats légers, puisque le mortier est plus rigide que les granulats (figure I.21).

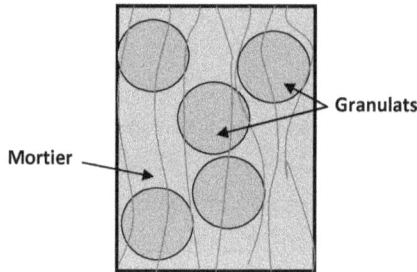

Figure I.21Transfert des efforts dans un béton de granulats légers

Par conséquent la contrainte dans le mortier est supérieure à celle dans les granulats et la résistance du béton est inférieure à celle du mortier seul. Si les granulats ont une résistance assez importante, le béton périt par le mortier, au contraire si les granulats n'ont qu'une résistance modérée, les granulats vont d'abord être cassés, ce qui réduit leur participation éventuelle à la résistance du béton jusqu'à la rupture du mortier.

-En 1981 **T.W.Bremner [50]** associe le plafond de résistance des bétons légers, noté par l'ACI213 **[15]** à des concentrations de contraintes de traction développées aux sommets des granulats légers et donc à un processus de fendage. De ce fait la résistance du béton pourrait être plafonnée par la résistance à la traction des granulats et à partir d'une certaine valeur, l'augmentation de la résistance du mortier n'aura plus d'influence sur la résistance du béton (figure I.22)

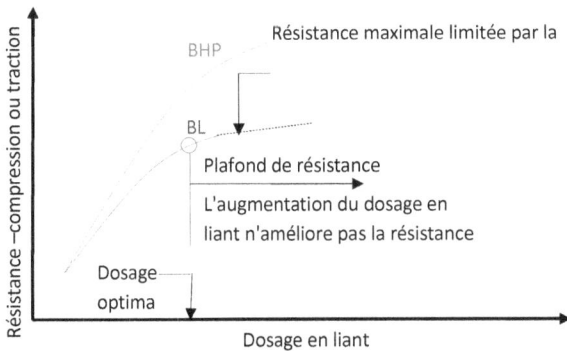

Figure I.22 Résistance du Béton en fonction du dosage en liant; béton de granulats rigides à haute performances (BHP) et béton de granulats légers (BL), d'après **Holm & Bemner [50]**.

- Une troisième interprétation donnée par F.**de lerrard [51]** en 1995 et qui revient sur les hypothèses du CEB-FIP et propose un modèle pour quantifier l'effet des granulas légers sur la résistance du béton, on suppose alors que le mortier développe une adhérence parfaite avec les granulats, on suppose également que le mortier est d'avantage sollicité que les granulats, étant donnée que le module élastique de la matrice de mortier E_m , est en générale supérieur à celui des granulats légers E_g, c'est donc la rupture du mortier qui commande la ruine du béton.

➢ **Variations dimensionnelles des bétons légers:**

Les variations dimensionnelles des bétons légers sont eux aussi influencées par la nature des granulats et particulièrement par l'eau absorbée par les granulats. Plusieurs auteurs ont signalé l'existence d'un retard de retrait dans les bétons légers, ce retard de retrait ne peut être expliqué que par le rôle de réserve que joue l'eau absorbée par les granulats légers. En effet le retrait est dû, pour une large part, à l'évaporation d'une partie de l'eau libre du mortier, après cristallisation de la pâte de ciment. Or dans le cas du béton léger, l'évaporation de l'eau du mortier est partiellement compensée par la migration d'une partie de l'eau absorbée par les granulats légers vers le mortier. De ce fait, la quantité contenue dans le mortier varie plus lentement que dans le cas du béton traditionnel, ce qui explique que le retrait soit fortement réduit dans les premiers temps, puis lorsque les granulats légers ont cédé au mortier toute l'eau absorbée transférable, dans un second temps, il n y a pas plus de compensation de l'eau évaporée du mortier. Ce qui explique que le retrait se développe alors normalement.

Une autre caractéristique très importante des granulats légers qui influe sur le retrait du béton léger, c'est le module d'élasticité. En effet la propriété élastique du granulat détermine l'importance de la gêne créée. Les granulats rigides s'opposent au retrait par contre les granulats élastiques favorise le retrait. À titre d'exemple, des granulats d'acier permettent de réduire le retrait d'un tiers, alors que des granulats de schiste expansé l'augmentent d'un tiers en comparaison avec des granulats ordinaires. Cette influence a été confirmée, d'après [1] par **Reichard** qui a démontré la corrélation entre le retrait et le module d'élasticité du béton qui dépend lui-même de la compressibilité du granulat employé. Dans la figure I.23, on voit clairement la différence entre le retrait d'un béton ordinaire et d'un béton léger.

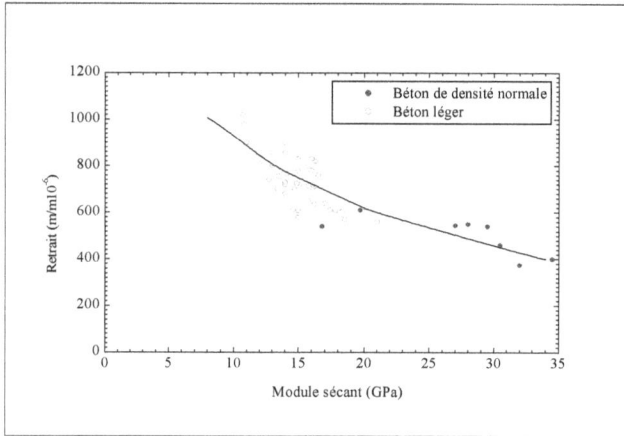

Figure I.23 Relation entre le retrait de séchage après 2 ans et le module élastique sécant d'un béton [1].

I.2.2 Les bétons de granulats de bois et de polystyrène :

Les bétons de granulats de bois et de polystyrène appartiennent à la classe des bétons de granulats légers. Le manque ou la rareté de la littérature qui traite ces deux catégories de bétons est un témoignage que les granulats de bois et de polystyrène n'ont attiré que récemment l'attention des chercheurs travaillant dans le développement des matériaux légers.

Cette partie s'intéresse à une revue générale sur les caractéristiques, la formulation et l'utilisation des bétons de granulats de bois et de granulats de polystyrène.

I.2.2.1 Les Bétons de granulats de bois :

Le béton de bois est un matériau composite à matrice cimentaire, éventuellement adjuvante et chargé de végétales [23,52], sa première apparition date de la fin des années soixante. Le béton de bois répond aux soucis de plus en plus importants des pays développés pour la préservation de la nature. En effet, le bois est une matière première renouvelable. Il permet en outre la valorisation des déchets de l'industrie de bois en particuliers celle de la fabrication du papier et de la menuiserie [24].

Les techniques de construction à base de produits en béton de bois sont relativement anciennes. Les premières codifications techniques de cette filière remontent en effet à la fin des années cinquante.

Les années soixante ont vu se réaliser un grand nombre d'ouvrages en béton de bois, principalement des murs extérieurs en petits éléments de maçonnerie. A l'heure actuel, l'Autriche et le Canada font respectivement partie des pays pour lesquels le marché des éléments de maçonnerie et des écrans antibruit en béton de bois sont les plus importants [23].

En France de nombreuses raisons et en particulier la croissance des exigences techniques, l'apparition de nouveaux bétons légers, l'évolution des enduits et des techniques d'isolation ont limité l'expansion des bétons de bois malgré des tentatives successives de promotion de la filière [24].

Un certain nombre de caractéristiques intéressantes ont été mise en avant par les personnes chargées de la commercialisation des produits en béton de bois, elles découlaient toutes de la légèreté du produit, de son isolation thermique, de son inertie thermique, en plus de l'augmentation de la productivité sur chantier, et le plus important est que le béton de bois permet de valoriser les déchets de bois [12,23,24,38,46,].

C'est pour cela que le béton de bois est utilisé largement dans les domaines de construction, il est utilisé dans :

➢ **les ouvrages extérieurs :**
  • Murs en maçonnerie, en bloc creux.
  • Murs en panneaux.
  • Murs antibruit.
  • Bardage de 50cm de large, 2 à 4m de longueur, 10 à 15cm d'épaisseur
  • Panneaux de toiture : Constitué d'une âme en béton de bois sur laquelle est appliquée une couche de béton ou mortier de 10 à 20cm pour revêtement ultérieur.

➢ **Les ouvrages intérieurs :**
  • Chappe pour réhabilitation.
  • Dalle de plancher : Constituée d'une âme de béton de bois sur laquelle est appliquée une couche de mortier traditionnel 2.5cm x 6cm, d'une épaisseur de 5 à 25cm.
  • Entrevous et hourdis 50cm x 1m pour une hauteur de 20 à 60cm.
  • Eléments de cave empilables.

➢ **Ouvrages divers :**
  • Plats à palette et scellements de blocage
  • Les pavés
  • Sols sportifs.

Figure I.24 Plancher ou dalle en
Béton de bois

Figure I.25 Elément préfabriqué en
Béton de bois

I.2.2.1.1 Les Granulats de Bois :

De la préhistoire à l'avènement de l'ère industriel, le bois a joué un rôle fondamental dans le rapport de l'homme avec son environnement, globalement les essences productrices peuvent être classées en deux catégories:

-Les gymnospermes : groupe auquel se rattache l'ordre des conifères ou résineux

- Les angiospermes : groupe auquel appartient les dicotylédones ou feuillus.

A ces deux familles correspondent des structures anatomiques et par conséquent des propriétés (physiques, chimiques, mécaniques) différentes [23,24, 53].

*Les résineux : environ 400 espèces sont souvent des arbres de grande taille 40 à 50m de hauteur ils fournissent près de 3/5 de la production ligneuse mondiale.

* Les feuillus (plusieurs milliers d'espèces), présentent une très grande variété dans leur forme, leurs feuilles et leurs fruits.

L'aspect hétérogène et anisotrope du bois apparaît nettement sur la plupart des essences.

➤ **Structure anatomique du bois :**

Le bois est un matériau fibreux; les fibres sont constituées de cellules allongées de 1 à 3cm de long et d'environ 2/100 mm de large, elles sont disposées parallèlement à l'axe du tronc. Ce sont elles qui donnent au bois sa résistance, le bois sera d'autant plus résistant que la densité de fibres sera plus grande.

➤ **Composition chimique du bois :**

Le bois est essentiellement constitué de cellulose et de lignine [24,23, 54]

• La cellulose est "le matériau de construction " des tissus du bois, c'est un polyoside macromoléculaire linéaire, la réunion en parallèles de plusieurs de ces macromolécules forme une fibrille dont la cohésion est assurée par des liaisons hydrogène s'établissant d'une molécule à une autre à partir de groupements hydroxyles. La réunion de ces fibrilles constitue les fibres, forme sous la quelle se présente la cellulose. Les celluloses usuelles sont des mélanges et dans le bois en particulier on a des ligno-celluloses, association de cellulose et de lignine.

• La lignine est un polymère mais n'est pas un polyoside, elle est plus riche en Carbone que la cellulose; elle incruste les tissus végétaux en leur donnant leur dureté [23,24]. Dans le bois on peut estimer les teneurs respectives en cellulose et lignine à 40 à 50% pour la première, 25 à 30% pour la seconde. L'eau contenue dans le bois joue un rôle très important sur toutes les propriétés physiques et mécaniques, elle peut atteindre 100% (et parfois plus) de la masse sèche du bois, elle est présente dans le bois comme pour tout matériau de construction à trois niveaux différents [55], on distingue :

o L'eau de constitution : combinée chimiquement à la matière ligneuse, elle reste présente dans le bois.

o L'eau d'imprégnation, contenue dans les membranes des cellules oL'eau libre qui remplit les vides des tissus et l'intérieur des cellules lorsque les membranes sont saturées d'eau [23,24,56]. La quantité d'eau (eau d'imprégnation et eau libre contenue dans le bois est caractérisée par un paramètre appelé humidité qui caractérise la teneur en eau du bois, elle définit par :

$$\omega(\%) = \frac{M_h - M_s}{M_s} \times 100 \dots\dots\dots\dots\dots\text{(I-6).}$$

- M_h masse de l'échantillon humide, M_s masse de l'échantillon anydre.

Au cours du séchage c'est d'abord l'eau libre qui s'évapore, le point de saturation de la fibre est atteint lorsqu'elle sera complètement disparue (il se fixe à H_R=30%), le séchage continue, c'est l'eau d'imprégnation qui commence à s'évaporer. Le bois "sec à l'air" a une humidité de 13 à 17% [24]. En particulier on atteint l'état anhydre à une température de 100 à 105°C.

La composition du bois (% pondéral) est d'après [52,53] :

- Carbone   C   50%
- Hydrogène   H   6%
- Oxygène   O   44%
- Azote   N   0.05% à 0.005%.

➢ **Caractéristiques physiques du Bois :**

Le bois est caractérisé par un certain nombre de propriétés qui influent évidement sur les caractéristiques physico mécaniques du béton de bois.

▪ **Masse volumique :**

Tous les bois n'ont pas la même masse volumique; certains sont légers (peuplier, épices), d'autres sont lourds (chêne, ébène). La résistance augmente en générale avec la masse volumique.

▪ **Dureté:**

La dureté caractérise la résistance opposée par le bois à la pénétration d'une pointe métallique, elle varié selon les essences, mais on considère en générale que plus les couches annuelles de croissance de l'arbre (cernes) sont étroites, plus le bois est dur [54].

▪ **Dilatation thermique:**

Les variations thermiques du bois sous l'effet de la température sont environ trois fois plus faibles que celles du béton ou de l'aciers [23,24,54].

▪ **Conductivité thermique:**

La conductivité thermique est environ 10 fois plus faible que celle de l'acier, elle varie selon les essences, en fonction de leur masse volumique et de leur taux d'humidité.

Le tableau I.10 donne les valeurs moyennes de la conductivité thermique des résineux et des feuillus les plus utilisés

Tableau I-10 Exemples de conductivité thermique et de masse volumique de quelques essences [24]

Désignation	Conductivité thermique (w.m^{-1}K^{-1})	Masse volumique à 15% d'humidité (kg/m^3)
Résineux		
sapin, épices, pin sylvestre	0.12	400 à 500
pin maritime	0.15	400 à 600
Feuillus		
chêne, hêtre, frêne	0.23	600 à 700

▪ **Comportement à l'humidité:**

Le bois "travaille " c'est à dire se rétracte en séchant et gonfle en absorbant de l'humidité, mais les variations dimensionnelles ne sont pas égales dans touts les directions. Les variations dimensionnelles sont négligeables dans le sens axial relativement aux deux autres directions (tangentielle et radiale) [23,24,57]

Ces variations dimensionnelles ont fait l'objet de beaucoup de recherches afin de les limiter au sein des bétons à base de bois [23,24 ,56,58].

On voit donc que le bois est un matériau complexe aussi bien par sa composition que par sa morphologie. Son introduction comme granulats légers dans les bétons nécessite donc des précautions d'emploi et par suite des traitements divers.

➢ **Différents procédés de traitement des granulats de bois :**

Le but du traitement des granulats de bois est de les rendre inertes et stables afin d'éviter ces effets néfastes sur le béton de bois qui sont en générale l'effet de retardateur de prise et les instabilités dimensionnelles. Il existe plusieurs types de traitements :

● **Traitement physique :**

Ces traitements ont pour but de limiter les transferts d'eau avec le milieu extérieur et d'éviter la libération de sucres très néfastes à la prise ces traitements peuvent être réalisés par :

o   Imprégnation : il s'agit de remplir les vides cellulaires du bois au moyen de techniques d'imprégnation vide-pression. Des études réalisées ont montré que l'imprégnation à l'huile a permis de mettre en évidence le blocage de la libération des sucres néfaste à la prise du ciment [23,24].

oL'enrobage superficiel : Il a pour but d'isoler le bois en le rendant inerte vis-à-vis aux agents extérieurs, on utilise dans ce procédé de la résine ou du chlorure de calcium qui s'avère le plus efficace ou d'une solution de soude [23,56].

• **Les traitements thermiques (par torréfaction) :**

Il consiste à chauffer le bois par un gaz inerte jusqu'à une température de 280°C, ce qui provoque une dégradation des hémicelluloses [23,24].

• **L'auto hydrolyse :**

L'auto hydrolyse du bois permet de solubiliser une grande partie des hémicelluloses responsables du gonflement. Le traitement à la chaux à 160°C sous pression pendant 15 heures conduit à une amélioration de la stabilité dimensionnelle de 40 à 60% [23,24].

• **Traitement chimique :**

Il s'agit de modifier la structure chimique du bois en remplaçant les groupements OH responsables de l'hygroscopicité par d'autres groupements plus hydrophobes, on utilise pour cela l'oxyde butylène qui diminue le gonflement de 50% et l'absorption d'eau de 25% [23,56].

Toutefois, même si les traitements sont plus ou moins efficaces, il faut toujours tenir compte des interfaces avec la matrice dans laquelle les granulats sont introduits.

I.2.2.1.2 Les composites de bois :

Les matrices utilisées dans les compositions des bétons de bois peuvent être à base:

- de ciment.
- de plâtre
- de chaux.

- dans des études récentes, certains auteurs   utilisent des matrices argileuses stabilisées au ciment, les déchets argileux sont introduits dans les bétons à la place du sable siliceux.   Ils montrent qu'avec une quantité faible de ciment on atteint des résistances mécaniques suffisantes et des performances thermiques excellentes sans quelles soient   pas altérées par le caractère hygroscopique de l'argile [33,59].

Liaison matrice – granulats de bois :

L'action liante du ciment est influencée par la nature du granulat. On suppose en générale que cette liaison est régie à la fois par les paramètres physiques et chimiques, en effet, elle dépend de la pénétration du mélange matriciel dans les pores du bois.

En fin, en milieu aqueux des mécanismes de migration peuvent s'installer entre le granulat de bois et le milieu matriciel, tant que celui-ci n'a pas fait sa prise. La cellulose qui est insoluble et en raison de son caractère cristallin ne réagit pas avec le ciment, au contraire les hémicelluloses non cristallines passent facilement en solution, elles réagissent par des réactions complexes avec les ions métalliques et donnent des acides sacchariques et des gluconates de calcium [23, 24,33].

> **Caractéristiques physiques et mécaniques du béton de bois:**

Quelques   propriétés physiques et mécaniques ont été établies   à travers plusieurs études menées dans le cadre de travaux de recherche ou au niveau de laboratoires spécialisés. Nous allons établir dans ce qui suit quelques propriétés du béton de bois.

• **Masse volumique:**

Si les bétons légers ont une masse volumique inférieur à 1800 kg/m^3, celle des bétons de bois oscille entre 450 et 1200 kg/m^3 [1,23,24,34].

Les valeurs comprises entre 600 à 900 kg/m^3 correspondent d'après [23] à la fourchette raisonnable. Sachant qu'au delà de 900kg/m^3 les performances thermiques diminuent considérablement et qu'en dessous de 600 kg/m^3, la résistance mécanique se trouve nettement diminuée.

A.Bouguerra et al [59] ont élaboré un béton de bois à matrice argileuse, l'étude de la variation de la densité sèche en fonction de la teneur massique en bois comme le montre la figure I.26 indique une diminution de la masse volumique lorsque le dosage massique en bois augmente.

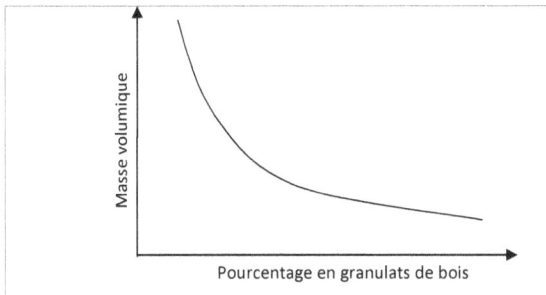

FigureI.26 Evolution de la densité sèche en fonction de la teneur massique en bois [59].

• **Résistance à la compression :**

La résistance mécanique des bétons de bois peut être apprécier en se référant à la Norme **NFP 14-304 [6,23]**.

La résistance mécanique en compression des bétons de bois est comprise entre 0.5 et 7MPa **[1,23,24]**, bien entendu cette résistance peut être améliorer par des ajouts tels que la fumée de silice, ou par traitement des granulats de bois. Toutes les études réalisées sur les bétons de bois ont montré que la résistance à la compression diminue en fonction du dosage en granulats de bois. La résistance à la compression est liée à la densité du matériau puisque celle-ci est en relation avec le dosage en granulats. En effet, d'après **A.Sarja [60]** et comme le montre la figure I.27, la résistance évolue en fonction de la densité. Plus le matériau est dense, plus il est résistant.

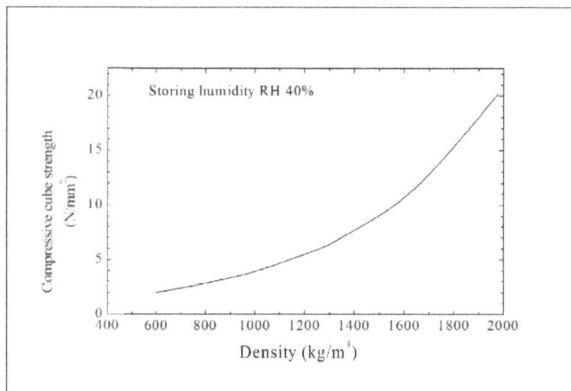

Figure I.27 Variation de la résistance à la compression du béton de bois en fonction de la densité **[60].**

La résistance à la compression est aussi liée à la porosité du béton, plus la porosité augmente, plus la résistance diminue. A titre bibliographique les résultats de **Bouguerra et al [12]** représenté en figure I.28 confirment cet aspect.

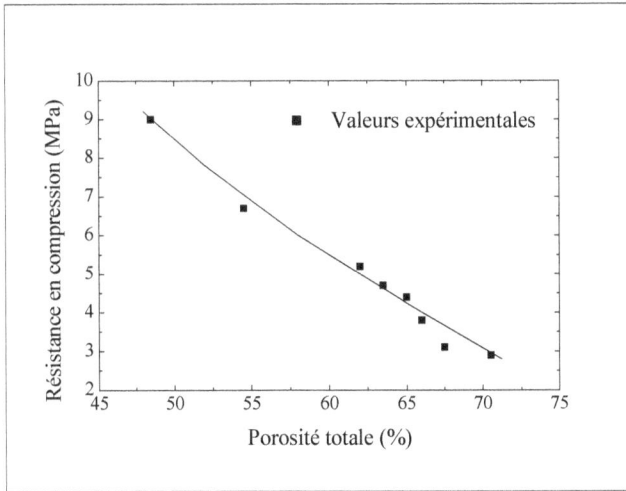

Figure I.28 Variation de la résistance à la compression en fonction de la porosité [12]

• **Résistance à la traction :**

Identiquement à la résistance à la compression, la résistance à la traction dépend de plusieurs facteurs, selon le type de granulats de bois utilisés et leur dosage, selon que ces granulats soient traités ou non, selon le dosage en ciment, elle peut atteindre une valeur 5.5 MPa en utilisant des granulats traités ou en introduisant des ajouts comme la fumée de silice ou par incorporation des fines [12,23, 24, 58]. Pour des bétons de bois ordinaires elle atteint des valeurs de 2.6 MPa [1, 58,60].

La résistance à la flexion diminue lorsque la densité diminue, c'est ce que confirme **A.Sarja [60]**, comme le montre la figure I.29. C'est en générale le cas des bétons de bois à matrice cimentaire. Cela n'est pas le cas des matrices à base d'argile. En effet, A.Ledhem [24] en étudiant un composite argile-ciment-bois a montré l'existence d'un optimum, c'est à dire que pour des dosages faibles en granulats, la résistance à la flexion augmente jusqu'à atteindre un maximum puis diminue pour des dosages élevés en granulats, comme le montre la figure I.30

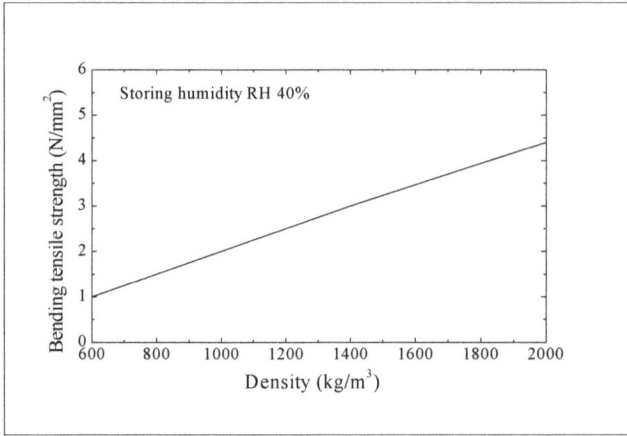

Figure I.29 Résistance à la traction en fonction de la   densité **[60]**

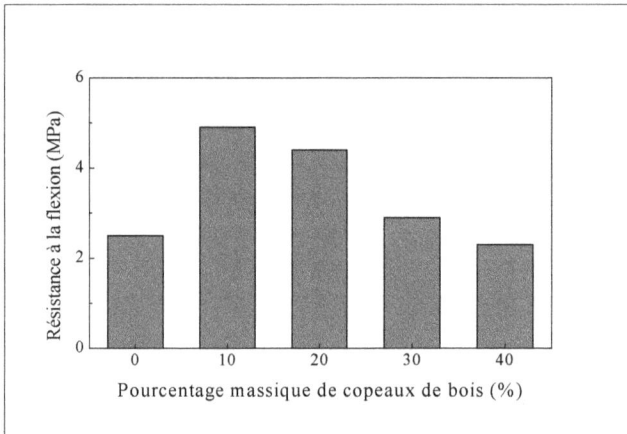

Figure I.30 influence du pourcentage massique de copeaux de bois sur la résistance à la flexion
[24].

• **Module d'élasticité :**

Le module d'élasticité des bétons de bois est lié à celui du granulat, pour un type de granulat donné, il est fonction de la densité (ρ_b) de bois **A.Sarja [60]** propose une relation de la forme :

$$E_c = 1500(\frac{\rho_b}{100})^4 \dots\dots\dots\dots\dots\dots\dots\dots\dots\dots\text{(I.7).}$$

62

La figure I.31 montre les variations du module d'élasticité du béton de bois en fonction de la masse volumique, on voit que ce paramètre varie entre 400 et 20000 N/m^2

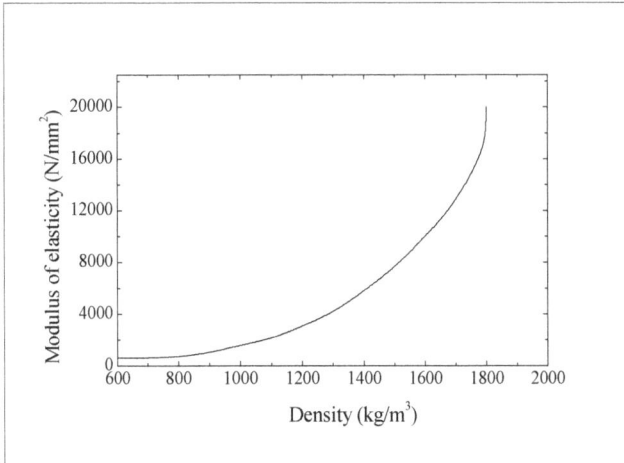

Figure I.31 Variation du module d'élasticité du béton de bois en fonction de la densité [60].

• Isolation thermique:

La conductivité thermique des bétons de bois varie entre 0.10 à 0.30 W.m^{-1}.K^{-1} [23,57], elle est de ce fait comparable à celle des bétons caverneux ou semi caverneux.

Il est à noter que cette conductivité varie selon le taux d'humidité du matériau, elle peut être estimée par la formule empirique:

$$\lambda_{humide} = \lambda_{sec}(1+0.025\ \omega_m)\dots\dots\dots\dots\dots\dots\dots\dots(I.8)$$

Où ω_m est le taux d'humidité exprimé en masse pour les bétons de bois [23]

La figure I.32 montre un exemple de la variation de la conductivité thermique en fonction de la proportion massique des granulats de bois pour un béton de bois à matrice argileuse. On voit bien que celle ci diminue lorsque la proportion massique en bois augmente.

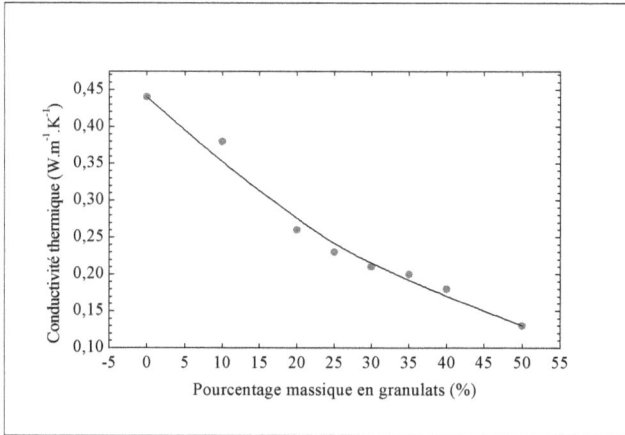

Figure I.32 Variation de la conductivité thermique en fonction de la porosité [29].

Les bétons de bois sont parmi les matériaux reconnus par leurs performances thermiques liées à une conductivité thermique faible. Le tableau I-11 donne à titre indicatif les valeurs des conductivités thermiques et les masses volumiques de quelques matériaux.

Tableau I.11 conductivités thermiques des différents types de béton légers [38, 59,61]

Matériaux	Masse volumique (kg/m^3)	Conductivité thermique $(w.m^{-1}.K^{-1})$
Béton de bois	700	0.15
Plâtre	1060	0.36
Béton cellulaire autoclave	500	0.18
Béton de perlite	600 à 650	0.24 à 0.29
Béton polystyrène	400 à 1000	0.15 à 0.45
Béton de Mouse	400 à 1000	0.15 à 0.30
Béton de vermiculite	400 à 450	0.21 à 0.24

• **Variations dimensionnelles:**

C'est un paramètre important qui peut affecter la durabilité des matériaux de construction, en générale le retrait et le gonflement sont des phénomènes susceptibles d'entraîner des dégradations. Malheureusement le béton de bois est très reconnu par ces variations dimensionnelles qui peuvent atteindre les 10mm/m [23].

▪ **Influence des conditions climatiques sur les variations dimensionnelles:**

D'après les travaux de **A. Ledhem [24]** sur les variations dimensionnelles des bétons de bois à matrice argileuse en simulant différentes situations climatiques, il a mis en évidence le caractère représentatif des variations dimensionnelles extrêmes (différence entre les dimensions à l'état sec, et à l'état saturé) par rapport aux différents retrait et gonflement .Dans la figure I.33 on peut voir l'évolution du retrait et du gonflement dans différentes ambiances, en fonction de l'âge.

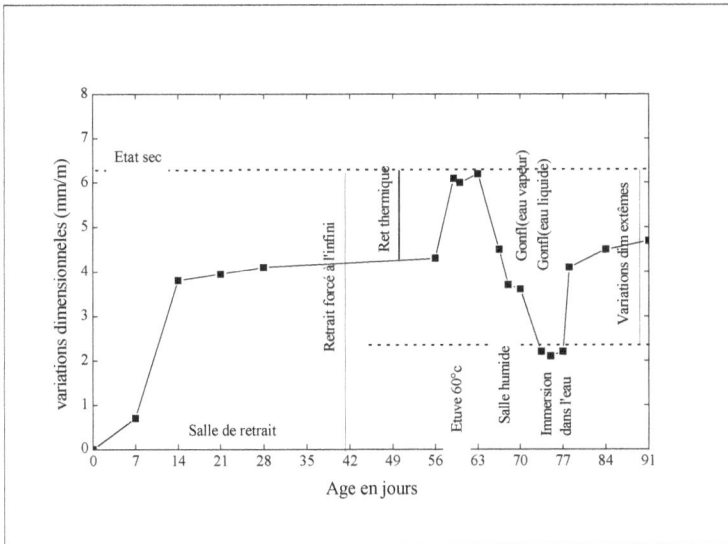

Figure I.33 Evolution des variations dimensionnelles dans différentes ambiances en fonction de l'âge **[38]**.

▪ **Influence des dosages en granulats et du ciment sur les variations dimensionnelles :**

Il est important de voir l'effet du pourcentage en granulats et du dosage en ciment sur l'évolution du retrait et du gonflement. D'après **F.Z.Aouadja et al [58]**, qui ont étudié les variations du retrait dans un béton de bois. En se référant à leurs résultats représentés dans les figures I.34 et I.35, on constate que le retrait

Augmente en fonction du dosage en ciment ce qui est le même cas qu'avec les bétons traditionnels et il augmente en fonction du dosage en granulats et c'est l'inverse du retrait des bétons traditionnels puisque le retrait du bois est en grande partie causé par celui des granulats.

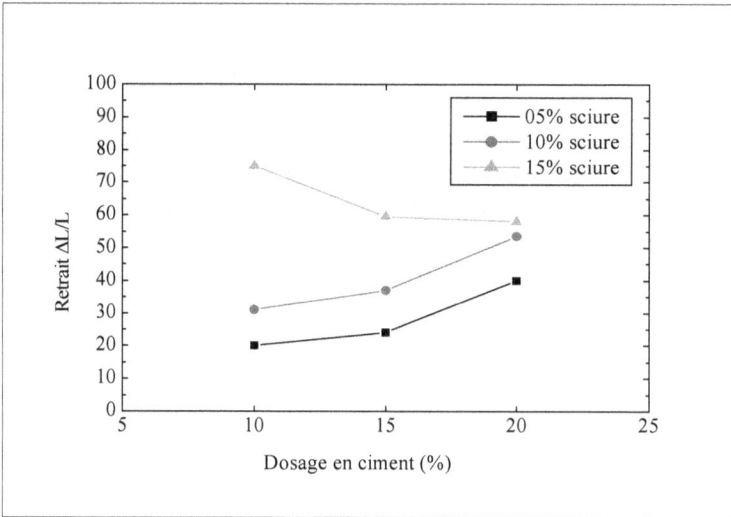

Figure I.34 Variation du retrait du béton de bois en fonction du dosage en ciment **[58]**.

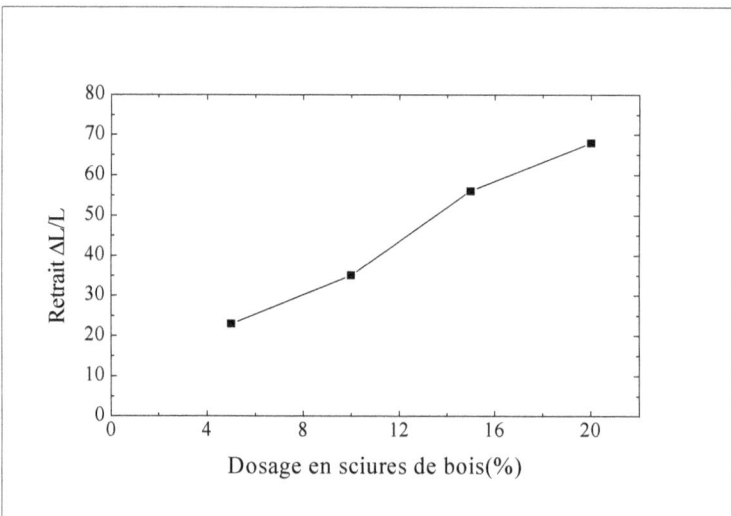

Figure I.35 Variation du retrait du béton de bois en fonction du dosage en ciment **[58]**.

66

Le tableau I.12 résume certaines caractéristiques des bétons de bois ainsi que les valeurs ciblées par la recherche.

Tableau I.12 Caractéristiques physicomécaniques des bétons de bois **[23]**

	R_c (MPa)	MVA (kg/m³)	ΔL/L (%)	Réaction au feu	λ (w.m⁻¹.K⁻¹)	R_t (MPa)	E (MPa)
Valeur cible aliment 2002	3.5-4	600-900	<1	/	/	/	/
NF P 14-304	2.5-7	<1700	<0.45	/	>0.16	0.5-1.16	/
NF P 14-306	3-7	400-800	<0.45	/	/	/	/
Règle d'agrément (1958)	>0.65	>450	L<4 H<12	/ /	/	/	/
Agresta	2.5-4 2.5-4	500-700 600-800 1250	4.5 1.37	M₁	0.11-0.16	1.2-1.9	/
Mortier	2.2 7.8	730 1400	5.8 1	/	/	/	6500
Granuland mortier	3.3	800 700	4.9	/	0.22 0.15	/	1500
Fixolite	/	480	7	/	0.11-0.14	/	1500
Lithophore	>1.3	950	<0.9	/	0.27	/	/

> **Procédés utilisés pour améliorer les performances physiques et mécaniques des bétons de bois:**

Beaucoup d'auteurs se sont lancés à la recherche de moyens dans le but d'améliorer les performances physiques et mécaniques des bétons de bois. Certains se sont intéressés à diminuer la porosité en utilisant des ajouts de fines (comme l'argile). D'autres ont cherché à améliorer les résistances mécaniques en utilisant des adjuvants comme la fumée de silice, ou en procédant au traitement des granulats. D'autres ont visé à limiter les variations dimensionnelles. Nous nous limiterons dans ce qui suit à l'influence des différents procédés de traitement des granulats de bois et l'effet de la fumée de silice sur les caractéristiques physico mécaniques.

- **Influence des différents procédés de traitements sur les caractéristiques physico mécaniques des bétons de bois :**

Plusieurs procédés de traitement ont été employés afin d'améliorer les propriétés physicomécaniques des bétons de bois **[33]**. Le tableau I.13 récapitule les différents résultats escomptés.

Tableau I.13 Influence du type de traitement des granulats de bois sur les propriétés physico mécaniques du béton de bois **[33]**.

Traitement	Absorption des granulats (%)	Absorption du composite (%)	Densité sèche (kg/m^3)	R_c (MPa)	R_f (MPa)	ΔL/L (mm/m)	λ (w.m^{-1}.K^{-1})
Sans traitement	240	49	0.85	8.9	3.8	3.5	0.22
Bouillonner dans	112	34	0.85	9.7	4	2.00	0.22
Traitement à la chaux	99	25	1.11	12.7	4.95	1.18	0.27
Bouillonner dans l'eau+chaux	89	23	1.12	13.1	5.1	0.95	0.27
Traitement au ciment	87	22	1.20	12.4	4.4	1.35	0.33
Bouillonner dans l'eau+ciment	79	20	1.20	12.6	4.8	1	0.28
Traitement à l'huile de lin	42	22	1.00	8.5	2.9	2.20	0.25

Valeur médiocre

Valeur optimale

En se référant au tableau IV.4 on peut établir l'analyse suivante :

✓ **Absorption :**
- Au niveau des granulats : le traitement à l'huile de lin est le meilleur traitement réduisant l'absorption de **82.5%**. Au contraire l'absorption est maximale pour les granulats non traités.
- Au niveau du composite : le meilleur traitement est de bouillonner dans l'eau +ciment, il réduit l'absorption du composite de **59,2%**.

✓ **Résistance à la compression :**
Le meilleur traitement est de bouillonner les granulats dans l'eau+chaux, il améliore la   résistance à la compression de **1.47fois**.

✓ **Résistance à la flexion :** c'est toujours le traitement à l'eau+chaux bouillie qui procure la meilleure résistance à la flexion.

✓ **Variations dimensionnelles :**
Le traitement à la l'eau +chaux bouillie s'avère le meilleur stabilisant, en effet il réduit les variations dimensionnelles de **73%**.

En résumé pour les différents types de traitements nous pouvons conclure que le traitement à l'eau+chaux bouillie est le traitement le plus bénéfique qu'en à l'amélioration des principales propriétés physico mécaniques des bétons de bois

- **Influence de l'ajout de la fumée de silice sur les caractéristiques physico mécaniques des bétons de bois :**

On peut penser que l'addition de certains produits apporte un certain nombre d'avantages : augmenter les propriétés mécaniques, produire un liant moins sensible à l'empoisonnement par le bois, diminuer l'alcalinité du milieu, réduire ainsi l'extraction des substances inhibitrices, modifier la structure du liant pour agir sur le retrait et le gonflement.

Des essais dans ce sens là ont été effectués sur différents produits d'addition (cendres volantes ; fumée de cilice et laitière de haut fourneau) [23]. Si le laitier s'est montré sans effet, la fumée de silice par contre, permet des améliorations notables avec des bois jugés peu compatibles, la résistance à la compression peut ainsi passer de 8MPa à 15,5MPa. Les fumées de silices permettent également de limiter les variations dimensionnelles comme le montre la figure I.36 où un minimum des variations dimensionnelles est obtenu pour un dosage en fumé de silice d'environ 30%.

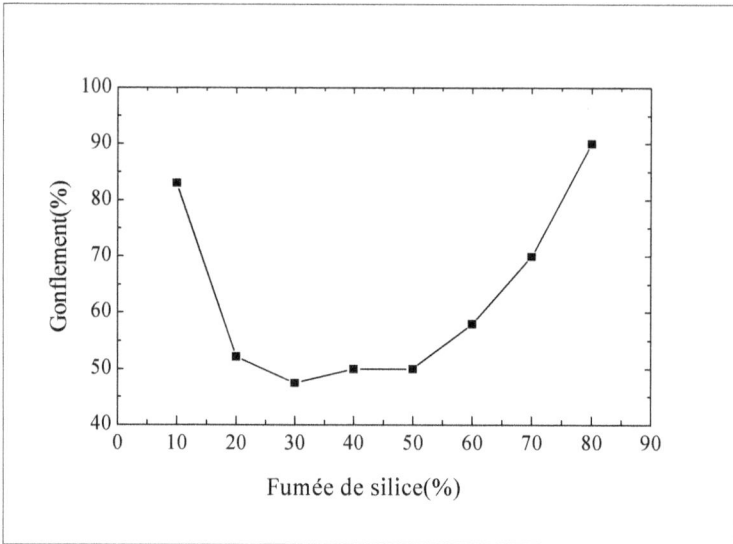

Figure I.36 Effet de la fumée de silice sur le gonflement **[23].**

I.2.2.2 Les bétons de granulats polystyrène :

Le béton de polystyrène est un béton qui appartient à la classe des bétons de granulats légers. Il est généralement constitué de billes de polystyrène mélangées à une matrice à base de pâte de ciment, ou à base de mortier. Parfois pour un critère d'allégement le polystyrène est utilisé dans les bétons traditionnels en remplaçant une partie des granulats ordinaires par des billes de polystyrène.

Le béton de polystyrène est un matériau utilisé très récemment, il présente beaucoup d'avantages sur le plan technique et économique:

- Il est ultra léger, sans doute parmi les bétons les plus légers.
- Il est reconnu par sa faible absorption d'eau.
- Il est durable.
- Il résiste aux agents agressifs.
- Il est très économique.
- Il est considéré parmi les matériaux qui possèdent les meilleures performances thermiques et phoniques

En raison de ces performances physiques, le béton de polystyrène est largement utilisé dans le domaine de construction, on le retrouve dans les panneaux de revêtement, dans l'isolation des planchers et des blocs de béton porteurs ainsi que dans d'autres applications spécialisées comme les pavés et les constructions marines flottantes et dans la protection de structures militaires enterrées.

Figure I.37 Pavé en béton de PSE   **Figure I.38** Mur en blocs de béton de PSE

Figure I.39 Cloison en Béton de PSE projeté

Figure I.40 Installation d'un plancher en béton de PSE

I.2.2.2.1 Les granulats de polystyrène :

➤ Origine et composition chimique :

Le polystyrène est un thermoplastique dur, c'est un polymère vinylique. Structurellement c'est une longue chaîne d'hydrocarbonés avec un groupe phényle attaché sur certains atomes de carbone [62], le polystyrène est fabriqué par polymérisation radicalaire à partir d'un manomètre styrène.

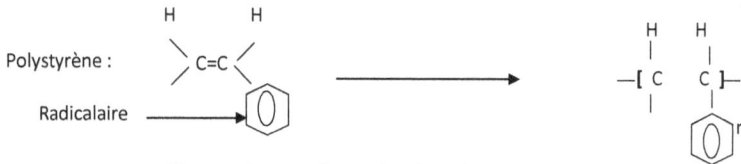

Figure I.41 Polymérisation du styrène [39].

➤ Fabrication du polystyrène expansé :

Le polystyrène brute est un matériau plus on moins lourds il se présente sous forme de perles. L'expansion de ces perles est réalisée en trois phases

1) La polymérisation du styrène additionnée d'agent porogène :
le produit obtenu se présente sous forme de perles de polystyrène cristal contenant un porogène (pentane) [39].

2) Le pré expansion des perles à l'aide de la vapeur (figure I.42a) :
La température de la vapeur est supérieure à la température d'ébullition du pentane ce qui entraîne la formation de cellules dans les perles de polystyrène. Les billes obtenues sont constamment agitées afin d'éviter leur agglomération.

Le produit final se présente sous forme de billes de polystyrène contenant des cellules. Ces billes sont ensuite stockées dans des silos pour permettre l'évacuation de l'eau et l'équilibrage des pressions internes / externes.

3) Le moulage (Fig I.42b) :

Les billes sont introduites dans un moule dans lequel est injectée de la vapeur d'eau sous pression. Les billes continuent alors leur expansion et se soudent entre elles. La quantité de billes introduites dans le moules détermine la densité finale du produit.

Le polystyrène comporte trois niveaux de structure

- Un agglomérat de billes soudées entre elles,
- Des billes composées de cellules,
- Des cellules contenant un gaz (air et résidus de porogène).

Au vue des différents modes de fabrication, nous pouvons donc distinguer deux types de mousses : les mousses simples, formées uniquement de cellules et les mousses complexes, constituées de grains soudés entre eux.

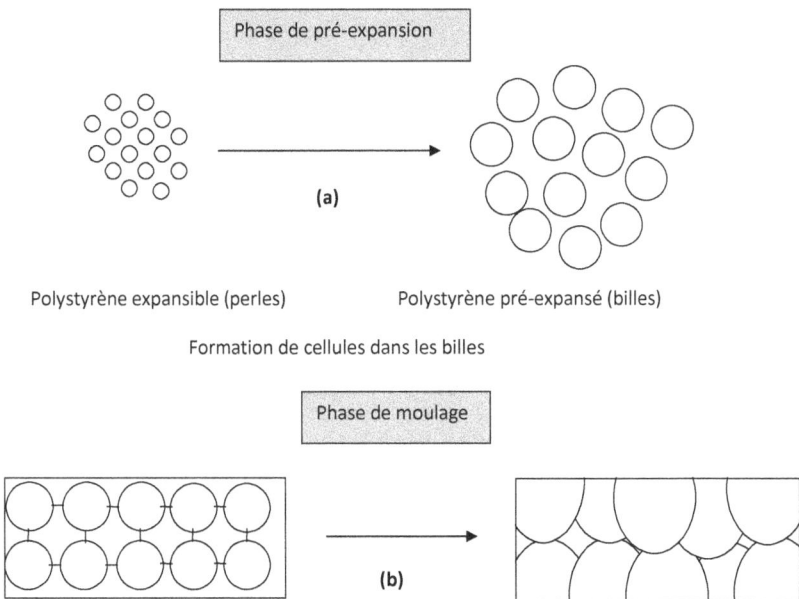

Phase de pré-expansion

(a)

Polystyrène expansible (perles)   Polystyrène pré-expansé (billes)

Formation de cellules dans les billes

Phase de moulage

(b)

Figure I.42 Phase d'expansion et de moulage du polystyrène **[39].**

Selon le degré d'expansion les billes de polystyrène peuvent avoir différents diamètres, Ces diamètres peuvent varier de 0.4mm à 5mm **[63].** La figure I.43 présente les billes de polystyrène de différents diamètres.

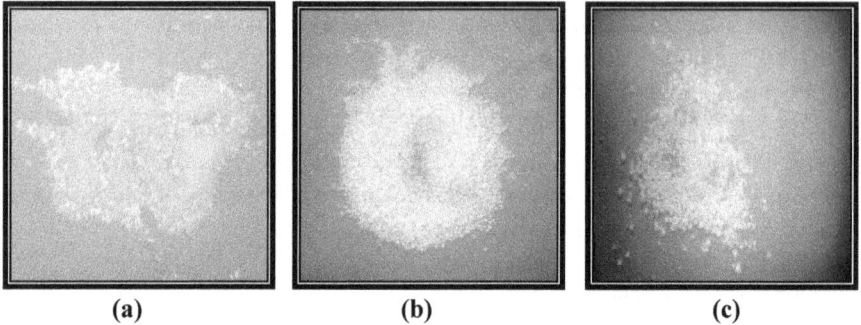

(a)   (b)   (c)

Billes de PSE à l'état brut   Billes de PSE expansé Φ1.25mm Billes de PSE expansé Φ4mm

Figure I.43 Photos de billes de polystyrène

Le polystyrène se présente sous forme d'agglomérat de billes soudées entre elles, Il est utilisé dans l'emballage et dans les panneaux utilisés pour l'isolation des cloisons des constructions (figue I.44).

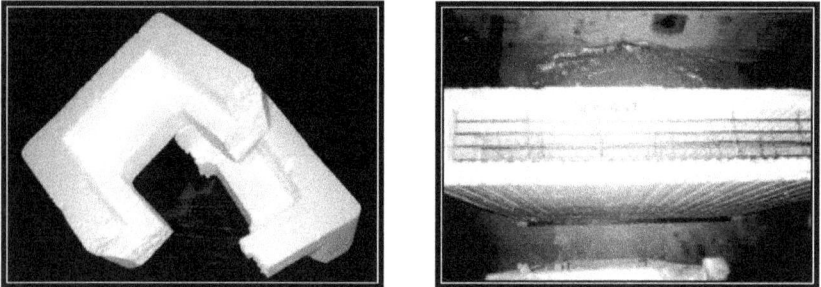

Figure I.44 Photos de polystyrène d'emballage et de panneaux en polystyrène

➤ **Caractéristiques physiques et mécaniques du polystyrène :**
• **Densité** :
La densité du polystyrène à l'état brut voisine les 1000 kg/m^3 **[63]**. Cette densité chute considérablement lorsque le polystyrène est expansé, elle est comprise entre 8 et 80 kg/m^3 **[39]**. Il faut noter que cette différence remarquable est due à la présence de l'air dans le polystyrène expansé. Le volume de polymère reste toujours très faible devant le volume d'air. Par exemple pour une densité de 32 kg/m^3, le polystyrène occupe 2.5% du volume total, mais représente 92% de la masse totale du polystyrène expansé **[39]**.
• **Résistance à la chaleur**:
Le polystyrène expansé se ramollit à une température de 90°c.

74

• **Absorption :**

Le polystyrène est un matériau de faible absorption, elle est de 0.2 à 1.g par100.cm^3 **[63]**.

• **Résistance en compression du polystyrène :**

La résistance à la compression du polystyrène dépend essentiellement de sa densité, plus il est dense plus sa résistance est grande, mais à cause de sa flexibilité le polystyrène se comporte d'une manière assez complexe, en effet plusieurs travaux issus de la littérature, montrent que selon la nature du polymère constituant la mousse, le comportement de celle-ci ainsi que la nature des trois phases peuvent varier notablement. Les auteurs distinguent trois mousses : élastoplastique, élastomère et fragile **[39]**.

1) La phase élastique linéaire ou non, correspond à la compression de la phase gazeuse.
2) La phase plastique, constituée d'un plateau de contrainte, correspondant à l'endommagement de la mousse. Cette phase est caractérisée par une contrainte seuil σ_{el}^* à partir de laquelle les déformations sont considérées irréversibles. La figure I.45 illustre le comportement d'une mousse élastomère.
3) La phase de densification du matériau correspond à la compression de la matrice de polymère et donc à l'entassement des cellules par expulsion totale de l'air qu'elles contiennent.

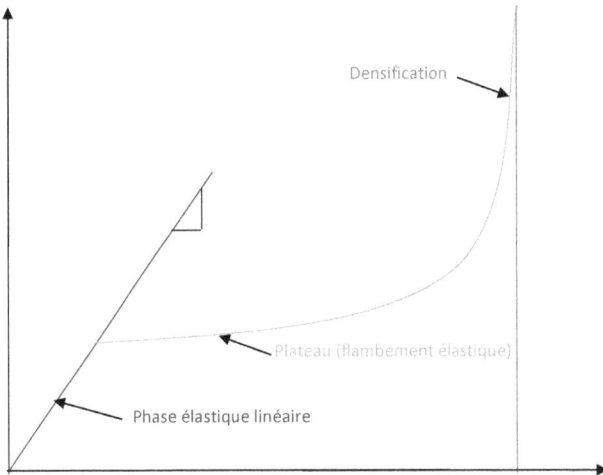

Figure I.45 Courbe contrainte – déformation en compression pour une mousse élastomère [39]

Le tableau I.14 donne quelques valeurs de la résistance en compression du polystyrène expansé selon sa densité et pour une déformation de 10% selon la norme NF-T56-201 **[39]**.

Tableau I.14 Valeurs de la résistance en compression du PSE en fonction de sa densité **[39]**.

Référence	Classe Q_1	Classe Q_2	Classe Q_3	Classe Q_4	Classe Q_5
Masse volumique (kg/m^3)	9	13	16	20	25
Contrainte (MPa)	0.03	0.6	0.9	0.12	0.15

• **Conductivité thermique :**
Le polystyrène est un matériau très réputé par ces performances thermiques, il est très utilisé dans l'isolation thermique des constructions sous forme de panneaux de 5cm entreposés entre deux cloisons. La conductivité thermique du polystyrène dépend de sa porosité, elle-même dépendante du procédé d'expansion. En générale elle varie entre 0.027 à 0.037 W.m^{-1}.K^{-1}. Ces valeurs sont considérées parmi les valeurs les plus faibles de la conductivité thermique des matériaux.

I.2.2.2.2 Caractéristiques physico-mécaniques des bétons de polystyrène :
➢ **Densité :** la densité des bétons de polystyrène varie selon le dosage en polystyrène, elle varie dans la gamme 300-2000 kg/m^3 **[64]**.
➢ **Résistance à la compression :** La résistance à la compression des bétons de polystyrène est fonction du dosage en granulats de polystyrène et de leurs tailles. Celle-ci peut être améliorée par des ajouts tels que la fumée de silice. Généralement, la résistance à la compression varie entre 0.2 et 23 MPa **[64,65]**.
➢ **Résistance à la traction :** elle varie entre 0.1 et 2.4MPa. Elle peut être améliorée par incorporation de fibres tels que les fibres en acier **[64,65]**.
➢ **Retrait :** Variable en fonction du dosage en polystyrène, il peut atteindre une valeur maximale de 1.2mm/m **[66]**.
➢ **Conductivité thermique :** Les bétons de polystyrène sont caractérisés par leur pouvoir isolant, leur faible conductivité thermique comprise entre 0.05 à 0.12 W.m^{-1}.K^{-1} pour les bétons de construction en témoignent cette propriété. Elle varie en fonction de la densité du béton. Le tableau I.15 donne quelques valeurs de la conductivité thermique en fonction de la masse volumique sèche.

Tableau I.15 Conductivité thermique des bétons de polystyrène [65].

Masse volumique sèche ρ_a (kg/m^3)	300	500	700	900	1200	1500
Conductivité thermique λ (W.m^{-1}.K^{-1})	0.065	0.14	0.15	0.33	0.39	0.7

> **Résistance au feu:**

Vu que le polystyrène fusionne à des températures assez basses, l'exposition du béton de polystyrène à des températures supérieures à 90°C engendre la fusion des granulats de polystyrène et par conséquent l'obtention d'un béton caverneux.

A cause du manque considérable de la littérature sur les bétons de polystyrène nous nous contentons d'exposer dans ce qui suit un certain nombre de travaux réalisés dans ce domaine :

• **J.M.Chaix et al [65]**, Ont élaboré un Béton Léger Isolant Thermique (B.L.I.T) constitué de billes de polystyrène expansé dispersées dans une matrice de ciment. Leur étude a porté sur l'effet du dosage en ciment (du type HP 45) et de la dimension des billes sur les caractéristiques physiques et thermiques du BLIT. Pour cela des séries d'échantillons ont été réalisés en utilisant un rapport E/C égale à 0.42. Un échantillon correspondant à un dosage en polystyrène nul est pris comme référence.

Trois séries d'échantillons sont réalisées, une première série réalisée avec des petites billes de diamètre 2mm ; une deuxième série est réalisée avec des grosses billes de 5mm de diamètre ; une troisième série est réalisée avec un mélange des deux diamètres.

1) **effet du dosage en billes de polystyrène :**

L'effet du dosage en polystyrène est remarquable sur les caractéristiques physico-mécaniques et thermiques, et pour les trois séries d'échantillons. En effet en se référant au Tableau I.16 on voit que la densité du BLIT décroît en fonction du dosage de polystyrène (rapport de volume du polystyrène au volume du ciment).

Tableau I.16 Valeurs des conductivités du BLIT en fonction du dosage en Polystyrène

Composition		1	2	3	4	5	6	7
Dosage V_p/V_c		0.7	1.12	1.46	1.7	1.9	4	5.12
Densité (kg/m^3)	Série 1	1	0.82	0.68	0.56	0.35	-	0.2
	Série2	1	0.85	0.77	0.56	0.34	-	0.19
	Série3	0.94	0.87	0.68	0.55	0.35	-	0.19

D'autre part la granulométrie du polystyrène n'a pratiquement pas d'effet sur la densité apparente.

Même chose pour la conductivité, celle-ci décroît en fonction du dosage en polystyrène (Tableau I.17). L'effet de la granulométrie sur la conductivité est faible.

Tableau I.17 Valeurs des conductivités du BLIT en fonction du dosage en Polystyrène

Composition		1	2	3	4	5	6	7
Dosage V_p/V_c		0.7	1.12	1.46	1.7	1.9	4	5.12
Conductivité Thermique (W.m^{-1}.K^{-1})	Série3	0.51	0.321	0.235	0.175	0.151	0.092	0.086
	Série 1	0.347	0.323	0.251	0.18	0.171	0.107	0.099
	Série2	0.336	0.312	0.252	0.177	0.139	0.1	0.088

Pour les caractéristiques mécaniques (résistance à la compression et module d' Young), la granulométrie à un effet légèrement significatif, cette fois ci remarquable. En effet et on se référant aux tableaux I.18 et I.19 on voit le même effet du dosage, la résistance à la compression et le module d'Young diminue en fonction du dosage, alors que l'effet de la granulométrie est inverse, la résistance du BLIT avec des petites billes est supérieur à celle du BLIT avec grosse billes.

Tableau I.18 Valeurs des résistances du BLIT en fonction du dosage en Polystyrène

Composition		1	2	3	4	5	6	7
Dosage V_p/V_c		0.7	1.12	1.46	1.7	1.9	4	5.12
Résistance à la compression (MPa)	Série 1	6.7	4	3.5	1.07	0.43	0.2	0.21
	Série2	5.9	5.37	2.47	1.07	0.37	0.19	0.09
	Série3	6.77	4.83	2.87	1.33	0.5	0.17	0.12

Tableau I.19 Valeurs des modules d'Young du BLIT en fonction du dosage en Polystyrène

Composition		1	2	3	4	5	6	7
Dosage V_p/V_c		0.7	1.12	1.46	1.7	1.9	4	5.12
Module d'Young (MPa)	Série 1	341	242	206	139	52	31	26
	Série2	326	243	206	144	50	38	38
	Série3	340	245	207	173	70	33	18

- **B.Chen et J.Liu [64]** ont étudié les propriétés d'un béton léger à base de billes de polystyrène renforcé de fibre d'acier. Le béton étant un béton de granulats léger de granite où une partie de ces granulats a été remplacée par un volume de billes de polystyrène. De la fumée de silice a été utilisée afin d'améliorer les caractéristiques mécaniques. En fin un super plastifiant est utilisé pour améliorer la maniabilité du béton. La matrice est composée de ciment et de sable de module de finesse égal à 2.85. Deux types de billes de polystyrène sont utilisés : type A des billes de diamètre 3mm et de densité $20kg/m^3$, type B des billes de diamètre 8mm. Deux séries d'échantillons ont été réalisées selon les proportions représentées dans le tableau I.20.

Tableau I.20 Détail de la composition du béton de polystyrène contenant des fibres d'acier [64].

Série	N=°de gâché	Ciment (kg/m³)	Fumé de silice	Eau (kg/m³)	Gravier (Kg/m³)	Sable Kg/m³	EPS (Kg/m³) Type A	EPS (Kg/m³) Type B	%Volu En EPS	Fibre d'acier	S-plast
Série 1	1	472	-	175	1133	620	-	-	-	-	4.0
	2	472	-	175	710	392	1.75	0.74	25	-	4.2
	3	472	-	175	710	392	1.75	0.74	25	70	4.2
	4	472	-	175	455	255	2.80	2.21	40	-	4.5
	5	472	-	175	455	255	2.80	2.21	40	70	4.5
	6	472	-	175	201	118	3.85	3.03	55	-	5.1
	7	472	-	175	201	118	3.85	3.03	55	0	5.1
Série 2	8	472	10	175	1133	620	-	-	-	70	4.0
	9	472	10	175	710	292	1.75	0.74	25	0	4.2
	10	472	10	175	710	292	1.75	0.74	25	70	4.2
	11	472	10	175	455	255	2.80	2.21	40	0	4.5
	12	472	10	175	455	255	2.80	2.21	40	70	4.5
	13	472	10	175	201	118	3.85	3.03	55	0	5.1
	14	472	10	175	201	118	3.85	3.03	55	70	5.1

Les résultats obtenus dans cette étude correspondants aux caractéristiques physicomécaniques des bétons élaborés sont représentés sur les figures I.46, I.47 et I.48 relatives à :

- L'effet de l'ajout du fumé de silice sur la résistance à la compression.
- L'effet de l'ajout du fumé de silice sur la résistance à la flexion.
- Evolution du retrait en fonction de l'age selon les proportions volumiques en polystyrène.

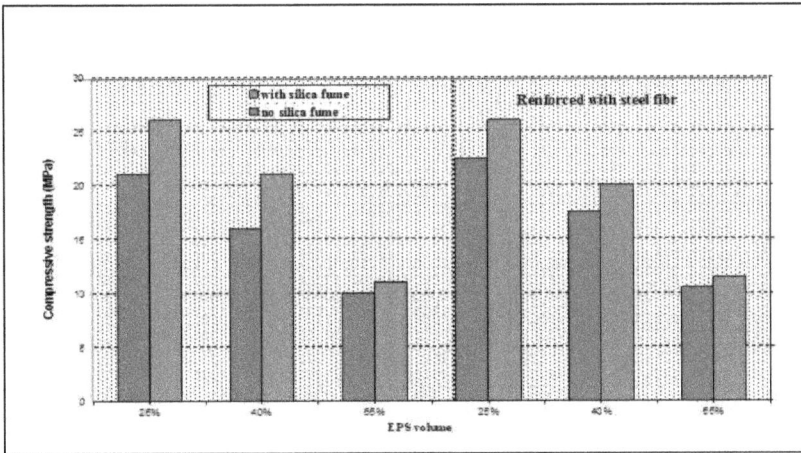

Figure I.46 Effet de la fumé de silice sur la résistance à la compression [64].

La figure I.46 montre d'une part : l'évolution de la résistance des bétons de polystyrène élaborés (avec fibres d'acier et sans fibres d'acier) en fonction de la proportion volumique en polystyrène. Et d'autre part l'effet de l'ajout de la fumée de silice sur la résistance à la compression et à partir de cette figure les interprétations suivantes ont été postulées :

✓ La résistance diminue en fonction de la proportion volumique en polystyrène.
✓ L'ajout de fumé de silice améliore la résistance à la compression, cette amélioration atteint un taux de 15% pour une proportion en volume de 25% en polystyrène. Lorsque cette proportion atteint les 55% ; cette amélioration n'est que de 8%.
✓ Le renforcement du béton de polystyrène avec des fibres d'acier améliore légèrement la résistance à la compression.

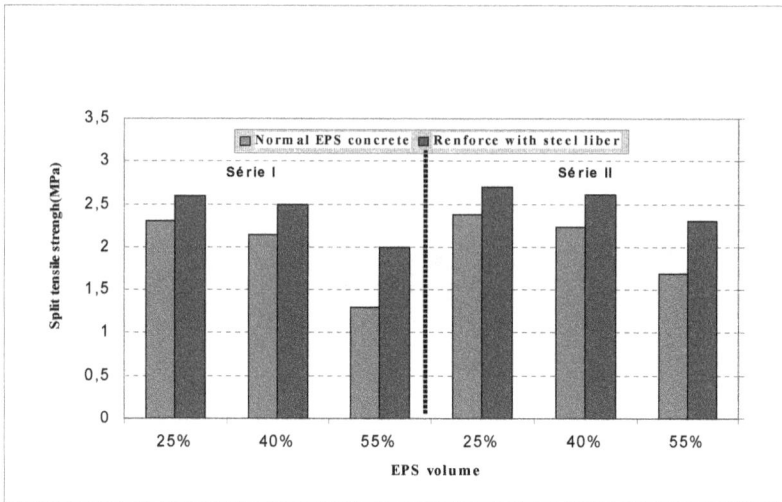

Figure I.47 Variation de la résistance à la flexion en fonction de la proportion volumique en EPS

[64]

La figure I.47 montre les variations de la résistance à la flexion en fonction de la proportion en volume du polystyrène ainsi que l'effet de l'incorporation des fibres d'acier dans le béton de polystyrène. On peut constater la même chose que pour la résistance à la compression, la résistance à la flexion diminue en fonction de la proportion volumique. D'autre part l'incorporation de fibres d'acier améliore la résistance à la flexion avec un taux de 25%. L'effet de la fumé de silice sur la résistance à la flexion et le même que pour la résistance à la compression mais avec un taux d'amélioration plus faible.

La figure I.48 Représente l'évolution du retrait du béton élaboré en fonction de l'age. Deux facteurs affectent le retrait, le premier est la résistance des granulats ou encore leur propriété élastique. Le deuxième est la proportion volumique de ces granulats dans le béton. En effet l'élasticité des granulats favorise le retrait, puisque les zones occupées par les granulats représentent des zones de faible résistance et par conséquent la contraction de la matrice tout autour est libre. D'autre part plus la proportion volumique de ces granulats est grande, plus ces zones sont nombreuses et plus le retrait est plus facile et par conséquent plus grand, ce qui très lisible sur la figure I.48.

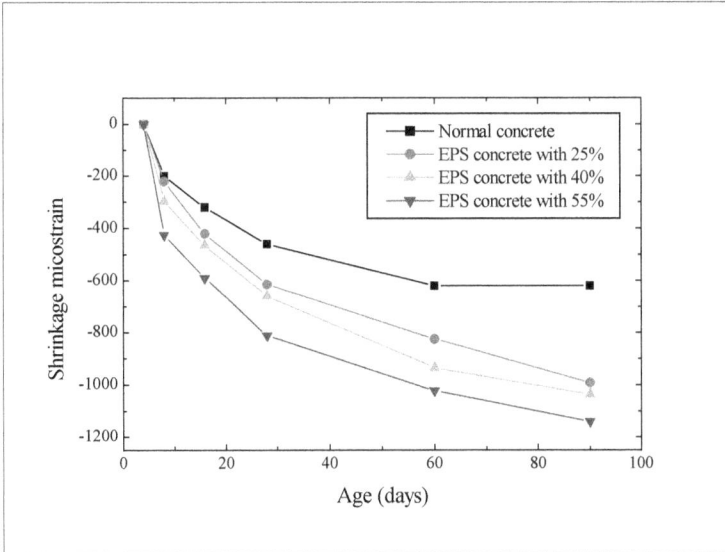

Figure I.48 Variation du retrait du béton de polystyrène en fonction du dosage en polystyrène **[64]**.

Synthèse :

Les bétons légers font partie des bétons spéciaux. Malgré qu'ils soient récemment élaborés, ils ont fait l'objet de plusieurs études et recherches en raison de leurs performances physiques liées à leur légèreté et à leur pouvoir isolant. En plus, la crise du logement ; le coût énorme de la consommation d'énergie et les répercussions de certains déchets sur l'environnement, ont fait des bétons légers parmi les bétons les plus réclamés dans le domaine de l'isolation de la construction. Mais comme n'importe quel type de béton, de nombreuses études ont mis en évidence beaucoup de particularités relatives aux bétons légers et un certain nombre de problèmes liés à leur mise en œuvre qu'on peut énumérer comme suit :

✓ Le choix des matériaux utilisés pour l'élaboration de ce type de béton doit être très rigoureux en particulier le choix du ciment ou l'on recommande d'utiliser un ciment de bonne performance et d'utiliser des dosages optimums afin d'éviter des résistances médiocres. Le sable calcaire peut être valorisé en l'utilisant à la place des sables siliceux puisqu'il donne les mêmes résultats et en plus il représente un déchet non exploité.

✓ Même si les bétons légers sont formulés presque de la même manière que les bétons traditionnels, ils présentent une certaine particularité quant à la détermination du dosage en eau. En effet presque tous les auteurs confirment le rôle majeur des granulats légers et leurs propriétés dans le conditionnement des performances physico-mécaniques des bétons légers, en particulier la propriété d'absorption de l'eau qu'on trouve à tous les niveaux, c'est pour cette raison que les bétons légers présentent une singularité concernant le malaxage ou l'on recommande un pré-mouillage des granulats. Et en raison de leur mauvaise maniabilité ils conseillé d'utiliser un super plastifiant.

✓ En raison de leurs faibles résistances mécaniques qui est à l'origine de celles des granulats, beaucoup d'auteurs préconisent l'utilisation des ajouts telle que, la fumée de silice.

Pour les bétons de bois et de polystyrène, objets de notre étude la revue sur la documentation a permis de déceler leurs propriétés physico-mécaniques qui se résument comme suit :

• Pour le béton de bois :

- Des masses volumiques apparentes sèches comprises entre 600 et 1400 kg/m^3 selon le dosage en granulats.

-Des résistances à la compression maximales de l'ordre de 20 MPa et en moyenne des résistances qui avoisinent les 5 à 8 MPa.

-Des résistances à la flexion assez bonnes, en raison du rôle fibreux joué par les granulats, les résistances pouvant atteindre les 4 MPa.

- Une conductivité thermique variable selon le dosage en granulats et peuvent descendre jusqu'à une valeur de 0.15 $W.m^{-1}K^{-1}$.

- Des variations dimensionnelles trop grandes pouvant atteindre les 10mm, causés par le grand pouvoir absorbant des granulats de bois.

Certains auteurs recommandent des traitements physiques ou chimiques des granulats afin d'améliorer les performances mécaniques et de limiter les variations dimensionnelles.

- Pour le béton de polystyrène :
  - Des masses volumiques apparentes sèches assez basses pouvant descendre jusqu'à 300 kg/m^3, le béton de polystyrène est considéré parmi les bétons les plus légers.
  - Des résistances mécaniques très variables selon le dosage en polystyrène et pouvant atteindre les 23 MPa et descendre jusqu'à 0.2 MPa.
  - Des résistances à la flexion assez faibles relativement à celles des bétons de bois. Elles sont limitées à une valeur de l'ordre de 2.5 MPa.
  - Des variations dimensionnelles assez faibles comparables à celle des mortiers.
  - des conductivités thermiques assez faibles et pouvant descendre jusqu'à 0.065 $W.m^{-1}K^{-1}$.

II. Méthodes expérimentales

Etant donné que les caractéristiques physico mécaniques des bétons sont étroitement liées à celles des différentes matières premières qui les composent, il est indispensable d'étudier les caractéristiques des différents matériaux utilisés afin de pouvoir convenablement interpréter les résultats obtenus par la suite.

La première partie est consacrée aux méthodes de caractérisation des matières premières puis on abordera les méthodes de caractérisation physico-mécaniques des matériaux élaborés.

II.1 Caractérisation des matières premières :

II.1.1 Le sable :

➢ **Masse volumique :**

• **Masse volumique absolue :**

C'est la masse de l'unité de volume d'un matériau (vides non compris) selon la norme **NFP18-555 [1,5,6]**, elle est déterminée :

o Par la méthode de l'éprouvette graduée

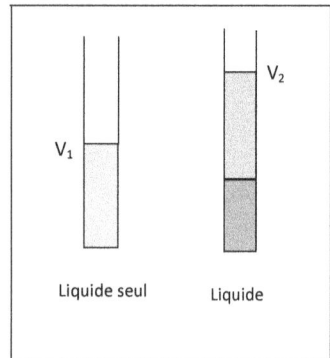

$$\rho_s = \frac{M}{V_s} \dots\dots\dots\dots\dots \text{(II.1)}$$

M : masse de l'échantillon

Vs : volume de grains Vs = $(V_2 - V_1)$.

Figure II.1 Schémas de l'éprouvette graduée

o Par la méthode de pycnomètre.

La masse volumique des grains solides est déterminée en effectuant trois pesées M_1, M2, M3 de sorte que :

$$M_3 = M_1 + M_2 - \frac{M_2}{\rho_s} \times \rho_w \dots\dots\dots\dots\dots\dots\text{(II.2)}.$$

D'où l'on tire ρ_s.

M_1 : la masse du pycnomètre remplie d'eau.

M_2 : la masse de l'échantillon de matériau sec.

M_3 : la masse totale du pycnomètre avec échantillon.

ρ_s : la masse volumique des grains solides.

ρ_w: la masse volumique de l'eau ($=1g/cm^3$).

Cette méthode est plus précise que la première.

- **Masse volumique apparente :**

C'est la masse de l'unité de volume (y compris les vides), elle est notée ρ_a et donnée par :

$$\rho_a = \frac{M}{V} \dots\dots\dots\dots\dots\dots\dots\dots(II.3).$$

Où   M : masse du matériau et V : volume total de l'échantillon.

Il s'agit de remplir un volume de 1 dm^3 et on détermine la masse totale M_T, la masse de   l'échantillon sera : $M = M_T - M_R$. (M_R est la masse du récipient).

➢ **Analyse granulométrique par tamisage :**

L'analyse granulométrique est l'un des essais les plus indispensables pour la détermination de la composition du béton, l'essai est réalisé selon la norme Française **NFP18-560**   **[5,6]**. Elle permet de déterminer la grosseur et les pourcentages pondéraux respectifs des différentes familles de grains constituants l'échantillon. Pour avoir les meilleurs mélanges, les granulats doivent répondre à des fuseaux granulaires **[1,67]**. Notons qu'à partir de la courbe granulométrique, nous pouvons déterminer un certain nombre de paramètres utiles à la connaissance de nos granulats. Parmi ces paramètres ou peut citer :

- Le coefficient d'uniformité, noté C_u et donné par la relation :

$$C_u = \frac{D_{60}}{D_{10}} \dots\dots\dots\dots\dots\dots\dots\dots \text{ (II.4)}$$

D_{10}, D_{60} représentent les diamètres correspondants respectivement aux tamisas cumulés de 10% et 60%.

- le coefficient de courbure noté C_c et donné par la relation :

$$C_c = \frac{(D_{30})^2}{D_{10} \times D_{60}} \dots\dots\dots\dots\dots\dots \text{ (II.5)}$$

- la finesse du sable :

Elle est définie comme étant la somme des refus cumulés exprimés en pourcentage sur les tamis de la série 0.16, 0.315, 0.63, 1.25, 3.5 et 5mm. A noter que plus le module de finesse est élevé plus le sable est grossier.

$$M_f = \frac{\left[\sum des\ refus(en\%)\ des\ tamis\ 0.16,0.315,0.63,1.25,2.5,5\right]}{100} \dots\dots\dots \text{ (II.6)}$$

> **Analyse granulométrique par sédimentométrie :**

L'analyse granulométrique par sédimentométrie complète l'analyse granulométrique par tamisage qui est limitée aux grains de diamètre supérieur à 0.080mm, elle permet de tracer la courbe granulométrique des éléments fins jusqu'à un diamètre d'environ 2 μm **[5,7,11]**.

Cet essai est réalisé selon la norme **NFP 94-057 [5,6]**. Il est basé sur la loi de stockes exprimant la vitesse de décantation v des particules de masse volumique ρ_s en suspension dans un liquide (eau + défloculant) de masse volumique ρ_0 et de viscosité η.

$$v = g \frac{(\rho_s - \rho_0)}{18\,\eta} D^2 \dots\dots\dots\dots\dots\dots\dots\dots\dots\dots\text{(II-7)}$$

On exprime le pourcentage P des gains de diamètre inférieur à D en suspension à l'instant t par

$$P = \frac{v\rho_s\, Rc\, \rho_0}{10\,w_s\,(\rho_s - \rho_0)} \dots\dots\dots\dots\dots\dots\dots\dots\dots\dots\text{(II.8)}.$$

Rc étant la lecture corrigée du nombre de graduation

Rc = R+m   (R est lecture effectuée et m la correction).

V : Volume de la suspension en m^3

W_s : Poids de sol sec mis en suspension et prélevé sur le tamisa 80 μm (en N).

> **L'équivalant de sable :**

L'équivalant de sable permet d'évaluer la propreté du sable entrant dans la composition du béton **[5,7]**.   Cet essai est réalisé selon la norme **NFP 18-598 [5,6]**, une solution lavante sépare les éléments fins de la fraction 0/3 en provoquant leur fluctuation dans une éprouvette normalisée.

Après 20 mn de repos on mesure :

H_1 : hauteur du niveau supérieur par rapport au fond de l'éprouvette

H_2 : hauteur du niveau de la partie sédimentée

L'équivalent de sable est donné par la relation :

$$E_s = \frac{H_2}{H_1} \times 100\,(\%) \dots\dots\dots\dots\dots\dots\dots\dots\text{(II.9)}$$

> **Essai d'absorption :**

Il permet de déterminer le taux d'absorption des grains Caractérisé par le coefficient d'absorption (Abs). Il correspond au rapport de l'augmentation de la masse de l'échantillon

Après immersion dans l'eau pendant 24 h à 20°C à la masse de l'échantillon sec **[5,18]**. Cet essai est régit par la Norme **NFP 18.555**.

$$\text{Abs} = \frac{M_h - M_s}{M_s} \times 100 \quad\text{...(II.10).}$$

M_s : masse de l'échantillon sec après passage à l'étuve à 105°C .

M_h : masse de l'échantillon imbibé (surface essuyée)

II.1.2 Le ciment :

> **Masse volumique absolue :**

Elle est mesurée par la méthode de déplacement de liquide (benzène), en utilisant le densimètre Le Chatelier. La masse volumique absolue est déterminée par la relation :

$$\rho_c = \frac{M_c}{V_1 - V_0} \quad\text{…...(II.11).}$$

M_c : étant la masse du ciment introduite (en générale prise égale à 60g)

V1 : volume final lu sur le densimètre

V0 : volume initial pris comme référence (V=0).

> **Finesse du ciment**

Cette caractéristique est exprimée par la surface spécifique, celle-ci est mesurée à l'aide du pérméabilimètre Blaine, selon la norme **EN 196-6 [5,68]**.

Le principe de l'essai est de faire passer un volume d'air connu à travers une poudre de ciment et de mesurer le temps de passage de l'air, plus la surface spécifique d'un ciment est grande plus le temps mis par l'air pour traverser la poudre est long. La surface spécifique notée S_p (cm^2/g) est déterminée par la relation suivante :

$$Sp = \frac{k \sqrt{e^3} \sqrt{t}}{\rho_c (1-e)\sqrt{\eta}} \quad\text{………………………………………(II-12)}$$

k : étant la constant de l'appareil.(k=43)

e : l'indice de vide de la couche tassée.

t : temps mesuré par seconde.

ρ_c : masse volumique absolue du ciment (g/cm3).

η : Viscosité de l'air à la température de l'essai (poises).

> **Essai de consistance normale :**

L'essai de consistance normale permet de déterminer le pourcentage d'eau nécessaire pour fabriquer une pâte dite de consistance normale. Cet essai est réalisé selon la norme **EN 196-3 [5,69]**.

Il s'agit de mesurer l'enfoncement d'une sonde normalisée libre sous son propre poids dans une pâte préalablement préparée et contenue dans le moule tronconique de l'appareil de Vicat. La pâte est dite normale lorsque la différence entre la hauteur du moule et l'enfoncement de l'aiguille est égale à 6 ± 1 mm.

Le malaxage est réalisé par un petit malaxeur où l'on doit suivre le procédé décrit par la norme.

> **Essai de prise :**

Cet essai est prescrit par la norme **EN 196-3[5,69],** il constitue une indication indispensable pour la mise en œuvre des mortiers et des bétons. La prise d'un ciment est fonction de sa nature (à prise lente ou rapide), de sa finesse et de la température. A une température de 20 °C le début de prise des ciments est à environ 2h à 2h30 et la fin de prise est aux environs de 3h45 à 6h **[1,5,2,7].**

Cet essai est réalisé à l'aide de l'appareil de Vicat, l'essai consiste à mesurer l'enfoncement d'une aiguille standard dans une pâte de consistance normale, le début de prise est définie comme étant le temps écoulé à partir de la fabrication de la pâte jusqu'à ce que l'aiguille cesse de s'enfoncer et s'arrête à une distance d $\geq$ 2.5 cm du fond du moule. La fin de prise correspond au temps écoulé à partir de la fabrication de la pâte jusqu'à ce que l'aiguille ne s'enfonce plus dans la pâte de ciment.

> **Classe vraie du ciment :**

La classe du ciment est une caractéristique indisponible pour l'estimation des résistances des bétons et des mortiers. Elle est déterminée par des essais de compression à 28 jours réalisés sur des éprouvettes 4x4x16 de mortier de consistance normale. Le dosage en ciment du mortier est tel que $\frac{C}{S} = \frac{1}{3}$.

Après démoulage effectué après 24 heures, les éprouvettes sont immergées dans l'eau jusqu'au jour de l'écrasement en flexion trois points, puis en compression **(norme EN.196.1). [5,3].**

> **Analyse minéralogique** :
> • **Analyse par diffraction aux rayons X :**

Cet essai concerne les matériaux cristallisés. Il est réalisé à l'aide d'un diffractomètre de rayons X (Figure II.2). Celui-ci est équipé d'un tube à anode de cobalt de rayonnement $\lambda_{k\alpha}$ =1.789Å et un compteur proportionnel. L'identification des minéraux s'effectue en comparant les diagrammes des échantillons étudiés avec les diagrammes standards des principaux minéraux. A noter que l'amplitude et le nombre de pics d'une certaine substance obtenus sur le diagramme de diffraction **X** ne reflète en aucun cas la surabondance de cette substance dans le composé, ceci dépend du degré de cristallisation et de l'orientation de la substance. Il existe une relation entre l'intensité des raies de diffraction d'une espèce minérale et sa concentration dans un mélange, cette relation permet une analyse quantitative des différents minéraux dans le mélange.

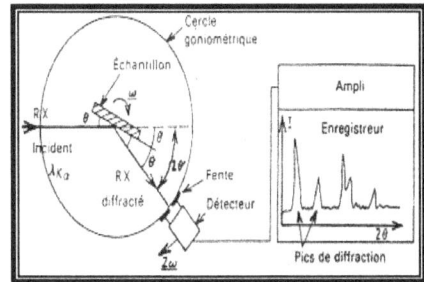

Figure II.2 Diffractomètre de rayons X de l'UATL

- **Analyses chimiques :**

Ces essais sont généralement effectués dans les usines de fabrication du ciment afin de déterminer la composition du ciment et la teneur de chaque composant dans le ciment fabriqué. Les résultats obtenus seront reportés sur la fiche technique regroupant toutes les caractéristiques physico-chimiques du ciment.

II.1.3 Les granulats :

> **Masse volumique :**

La masse volumique des granulats étant la caractéristique la plus importante dans la détermination de la classe du béton. Elle affecte les performances physico-mécaniques des bétons. Cette caractéristique doit être définie avec précision [18]:

- **Masse volumique apparente :**

Cette masse volumique est généralement déterminée à l'aide d'un pycnomètre et avec la même procédure expliquée plus haut, seulement vue le problème d'absorption de l'eau par les granulats, il est recommandé d'utiliser un pycnomètre à mercure au lieu d'un pycnomètre à eau. Cet essai est régi par la norme **NF P-18.309[6,18]**. Mais cette méthode est assez délicate vu la particularité des granulats utilisés.

Une autre méthode a été utilisée surtout pour les granulats de polystyrène. Il s'agit de peser un parallélépipède du matériau après avoir mesuré ces dimensions. La masse volumique apparente se détermine par le rapport du poids de l'échantillon à son volume.

- **Masse volumique absolue :**

La procédure suivie pour la détermination de la masse volumique absolue est différente pour les deux granulats (bois et polystyrène)

o **Pour le polystyrène :**

Il s'agit de déterminer la masse volumique du polystyrène non expansé qui se présente sous forme de perles de diamètre environ 0.2mm **[39,63].** Elle est déterminée à l'aide du densimètre Le Chatelier. Ce dernier est rempli d'eau jusqu'au trait correspondant au zéro de l'échelle de volume. Puis on introduit une masse de 40g de polystyrène, et on lit sur l'échelle des volumes la valeur du volume déplacé. La masse volumique sera égale au rapport de la masse du polystyrène introduite sur le volume mesuré.

o **Pour le bois :**

La détermination de la masse volumique absolue du bois est plus délicate vue que la matière première du bois contient toujours des vides et que la propriété d'absorption du bois engendre des erreurs lors de la détermination de la masse volumique. La procédure suivante est utilisée :

On prend un morceau de bois de forme parallélépipédique qu'on sèche dans l'étuve pendant 24 heures, on le pèse et on mesure ces dimensions. Soit M_s et V_0 la masse et le volume de l'échantillon. Ensuite on le fait bouillir dans une cocotte afin que l'eau envahie tous ces pores, on le pèse soit M_h sa masse. Le volume des vides qu'on note V_v est égale au volume d'eau absorbée par l'échantillon qui est équivalent à la différence de la masse humide à la masse sèche, d'où la masse volumique absolue qui est égale à :

$$\rho_s = \frac{M_s}{V_o - V_v} \dots\dots\dots\dots\dots\dots\dots\text{(II.13).}$$

➢ **Absorption :**

Le procédé de détermination de l'absorption pour les granulats de bois et de polystyrène est pratiquement le même qu'avec celui utilisé pour le sable.

II.2 Caractérisation du béton frais :

> ### Essai de consistance

Le but des essais de consistance est de quantifier la maniabilité et l'ouvrabilité, qui sont des qualités qui définissent la facilité de mise en œuvre du béton dans le coffrage, cette maniabilité classe les bétons suivant une échelle de fluidité croissante : ferme - plastique – très plastique – fluide.

La norme **ENV.206 [5]** décrit quatre essais de consistance (dans notre cas nous nous limiterons qu'à deux essais) :

- **Essai d'affaissement au cône d'Abrams** (Slump test, norme **NFP18.451**) [6]:

C'est l'essai le plus communément utilisé, en raison de sa simplicité de mise en œuvre, il s'agit de mesurer l'affaissement d'un cône de béton sous l'effet de son propre poids. Plus l'affaissement est grand, plus le béton est réputé fluide.

Le béton est introduit dans un moule conique normalisé légèrement huilé, en trois couches d'égale hauteur, compactées par une tige de piquage actionnée 25 fois par couche, après avoir arasé le bord supérieur, on enlève verticalement le moule, le béton s'affaissera. On mesure la hauteur d'affaissement qui est fonction de la consistance du béton. La norme **NFP 18-305 [5,6]** définit les classes d'affaissement en :

Ferme (F) ; plastique (P) ; très plastique (TP) et fluide (FL) (figure II-3) :

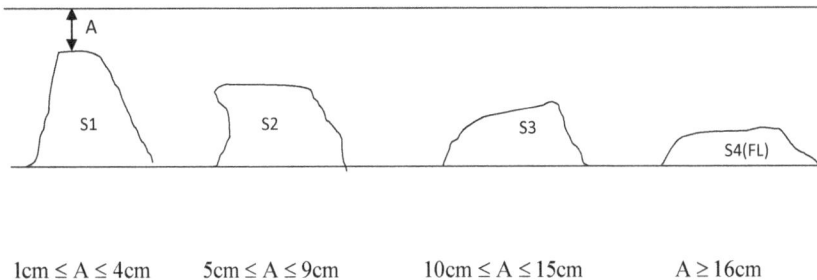

| 1cm ≤ A ≤ 4cm | 5cm ≤ A ≤ 9cm | 10cm ≤ A ≤ 15cm | A ≥ 16cm |

Figure II.3 Classes de consistance mesurées au cône d'Abrams **[5]**.

- **Essai Vébé** (norme **ISO 4111**):

Cet essai est particulièrement utile pour tester les bétons de faible ouvrabilité, dans cet essai la consistance est définie par le temps que met un cône de béton à remplir un volume connu sous l'effet d'une vibration donnée, plus ce temps est court, plus le béton est fluide. Un cône d'Abrams est fixé à l'intérieur d'un récipient cylindrique, le béton est rempli dans le cône d'Abrams selon la procédure décrite dans l'essai précèdent. Après avoir soulevé le cône verticalement, on actionne la vibration de la table durant un temps t tel que la face supérieure du béton soit entièrement aplanie et au contacte du disque transparent qui accompagne la descente du béton pendant le compactage. Ce temps t exprimé en seconde définit la consistance Vébé. La norme **ENV 206** définit cinq classes de consistance : V0 ; V_1 ; V_2 ; V_3 ; V_4 (voir tableau II.1)

Tableau II.1 classe de consistance Vébé [5].

Classe Vébé	V_0	V_1	V_2	V_3	V_4
Temps Vébé	T >31s	30s > t >21s	20s > t >11s	10s> t >5s	t<4s
Etat du béton	Béton très ferme	Béton ferme	Béton plastique	Béton mou	Béton fluide

II.3 Caractérisation du béton durci :

II.3.1 masse volumique apparente des bétons :

Les éprouvettes 7x7x28cm des deux types de bétons sont pesées régulièrement au cours du temps et pour les deux environnements (en salle et dans l'eau) et cela à l'aide d'une balance d'une précision de 0.5g. La masse volumique à l'âge de 28 jours a été retenue comme valeur de discussion dans ce travail.

II.3.2 Résistance à la traction par flexion :

Les éprouvettes 7x7x28cm sont soumis à un essai de flexion trois (3) points (voir Figure II-4). Vue que les résistances à la flexion sont généralement faibles et pour plus de précision on a utilisé une machine CBR à anneaux dynamométriques 5 kN et 10 kN et à vitesse réglable (Figure II.5). La vitesse choisie pour l'essai de flexion est de 4mm/mn ce qui correspond à 12 kN/s qui est dans la marge définie par la norme relative à l'essai d'écrasement en traction par flexion.

Les éprouvettes curées dans la salle sont directement écrasées, celles curées dans l'eau sont asséchées à l'étuve Pendant 24 heures avant écrasement. Les lectures millimétriques sur l'anneau dynamométrique sont converties en kN grâce au tableau de conversion livré avec la presse.

Si F_t est la charge de rupture de l'éprouvette en traction par flexion, le moment de rupture vaut $F_tL/4$ et la contrainte de traction correspondante sur la face inférieure de l'éprouvette est :

$$R_t = \frac{1.5 F_t L}{b^3} \quad \ldots\ldots\ldots\ldots\ldots\ldots\ldots\ldots\text{(II.14)}$$

En remplaçant L et b par leurs valeurs on obtient :

$$R_t = 0.234 F_t \quad \ldots\ldots\ldots\ldots\ldots\ldots\ldots\ldots\text{(II-15)}$$

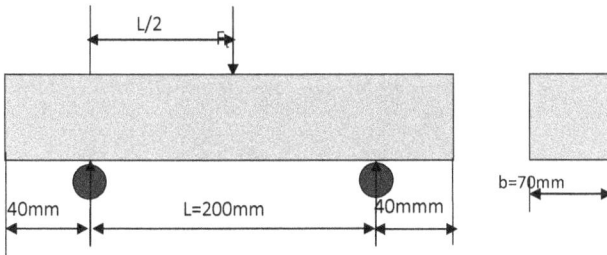

Figure II.4 Schémas de l'essai de flexion

Figure II.5 Photo de la presse CBR avec dispositif de flexion

II.3.3 Résistance à la compression :

Les deux parties de l'éprouvette écrasée par l'essai de traction sont soumises l'une après l'autre à l'essai de compression (Figure II.6), toujours sur la machine CBR en utilisant un anneau dynamométrique 60 kN ou 10kN (figureII-7).La valeur de la résistance à la compression est donnée par :

$$R_c = \frac{F_c}{A} \quad \text{en (MPa)} \ldots\ldots\ldots\ldots\ldots\ldots\ldots\ldots\text{(II-16).}$$

F_c : force de compression qui correspond à la lecture sur anneau en (N).

A : surface transversale de l'éprouvette en mm^2 (4900 mm^2).

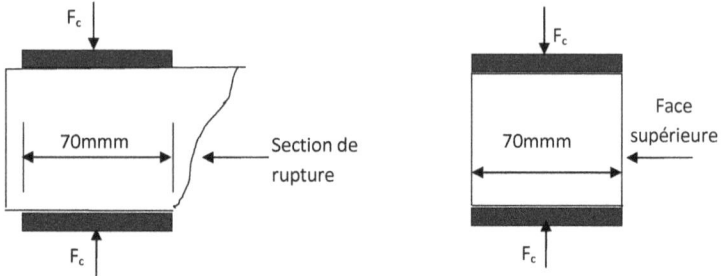

Figure II.6 Schémas de l'essai de compression

Figure II.7 Photo de la presse CBR avec dispositif de compression.

II.3.4 Variation dimensionnelles (N F P 15-433) [6].

Il s'agit de mesurer le retrait et le gonflement sur des éprouvettes 7x7x28cm à l'aide de l'appareil de retrait (voir figure II.8).

Après démoulage, l'éprouvette est placée verticalement sur l'appareil de retrait comme indiqué sur la figure II.8, les valeurs du retrait ou du gonflement sont lues sur le comparateur placé sur l'éprouvette, on lit au premier jour la valeur l_0 correspondante à la valeur de référence, la mesure suivante effectuée au temps t étant $l(t)$. Le retrait ou le gonflement enregistré au temps t est :

$$\Delta l(t) = l(t) - l_0 \dots\dots\dots (\textbf{II.17}).$$

Le retrait ou le gonflement relatif est donc :

$$\varepsilon(t) = \frac{\Delta l(t)}{l_0} = \frac{l(t) - l_0}{l_0} \dots\dots\dots (\textbf{II.18}).$$

Si $\varepsilon > 0$ c'est un gonflement.

Si $\varepsilon < 0$ c'est un retrait.

Pour chaque dosage en granulats et pour les deux types de bétons on mesure la variation dimensionnelle sur trois éprouvettes et la valeur moyenne est retenue comme caractéristique de la variation dimensionnelle.

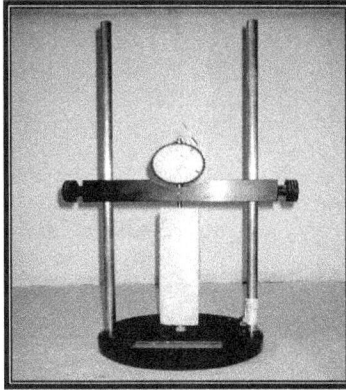

Figure II.8 Photo de l'appareil de retrait

II.3.5 Porosité:

La porosité est une caractéristique très importante, elle influe sur les caractéristiques physico mécaniques des bétons, comme la masse volumique; la résistance à la compression; le module d'élasticité; la conductivité thermique,....etc. Plus la porosité est faible, plus le béton est dense et plus sa résistance est grande par contre son pouvoir isolant est médiocre.

La porosité du béton provient de celle de la matrice et celle des granulats. Elle est exprimée en pourcentage et représente la fraction du volume des vides dans le matériau par rapport au volume total, elle est donnée par la relation :

$$n = \frac{V_v}{V_T} = n_g + n_m \quad \ldots\ldots\ldots\ldots\ldots\ldots\ldots\text{(II.19).}$$

V_v : volume des vides ;

V_T : volume total ;

n_g : porosité des granulats,

n_m : porosité de la matrice.

La procédure suivante a été utilisée pour déterminer la porosité des bétons élaborés :

Si on prend une éprouvette 7x7x28 cm, on désigne par V_m le volume de la matrice et par V_g le volume des granulats. Le volume total de l'éprouvette est donc :

$$V_T = V_m + V_g \ldots\ldots\ldots\ldots\ldots\ldots\ldots\ldots\ldots\text{(II.20).}$$

Si n_m et n_g désignent respectivement les porosités de la matrice et des granulats alors la porosité totale sera :

$$n_T = n_m + n_g \dots \dots \dots \dots \dots \dots \dots (II.21).$$

Soit :

$$n_T = \frac{V_v}{V_T} = \frac{V_{vm} + V_{vg}}{V_T} \dots \dots \dots \dots \dots (II.22).$$

$$n_T = \frac{n_m \times V_m + n_g \times V_g}{V_T} \dots \dots \dots \dots (II.23).$$

Ou encore : $\qquad n_T = n_m \times \frac{V_m}{V_T} + n_g \times \frac{V_g}{V_T} \dots \dots \dots \dots (II.24).$

Et puisque : $\qquad V_m = V_T - V_g$ alors on peut écrire (II-24) de la manière suivante :

$$n_T = n_m \varepsilon_m + n_g \times \varepsilon_g \dots \dots \dots \dots \dots \dots (II.25).$$

$\varepsilon_g = \dfrac{V_g}{V_T}$ étant la proportion volumique de la matrice relativement au volume total de l'échantillon.

$\varepsilon_g = \dfrac{V_g}{V_T}$ étant la proportion volumique des granulats relativement au volume total de l'échantillon. Celle-ci est variable selon le dosage en granulats. Cette proportion se calcule théoriquement par :

$$\varepsilon_g = \frac{V_g}{V_T} = 1 - \frac{V_m}{V_T} \dots \dots \dots \dots \dots \dots (II.26).$$

Si $\rho_a = \dfrac{M_T}{V_T}$ et $\rho_m = \dfrac{M_m}{V_m}$ sont respectivement les masses volumiques apparentes de l'échantillon de béton et de la matrice ($\dfrac{V_g}{V_T} = 0$). Alors l'équation (II.26) devient après simplification :

$$\varepsilon_g = \frac{\rho_m - \rho_a}{\rho_m - \rho_g} \dots \dots \dots \dots \dots \dots \dots \dots \dots \dots \dots (II.27).$$

D'autre part la proportion volumique de la matrice dans l'échantillon de béton, notée ε_m est donnée par :

$$\varepsilon_m = \frac{V_m}{V_t} = 1 - \varepsilon_g = \frac{\rho_a - \rho_g}{\rho_m - \rho_g} \dots \dots \dots \dots \dots \dots \dots \dots \dots (II.28).$$

En remplaçant les expressions de ε_g et ε_m dans l'équation (II.25) on obtient :

$$n_T = n_m (\frac{\rho_a - \rho_g}{\rho_m - \rho_g}) + n_g (\frac{\rho_m - \rho_a}{\rho_m - \rho_g}) \dots \dots \dots \dots (II.29).$$

Où :

ρ_a est la masse volumiques apparente de l'échantillon de béton ;

ρ_m est la masse volumique apparente de la matrice ;

ρ_g est la masse volumique apparente de la matière première des granulats ;

n_g est la porosité des granulats : $n_g = 1 - \dfrac{\rho_g}{(\rho_g)_s}$

ρ_g : La masse volumique apparente de la matière première des granulats.

$(\rho_g)_s$: La masse volumique absolue ou de la matière solide des granulats.

n_m est la porosité de la matrice : $n_m = 1 - \dfrac{\rho_m}{(\rho_m)_s}$

ρ_m : la masse volumique apparente de la matrice.

$(\rho_m)_s$: la masse volumique absolue de la matrice (kg/m^3) ; elle est déterminée par le densimètre Le chatelier après broyage d'une fraction de la matrice jusqu'à une finesse limite par un broyeur à jarre.

II.3.6 Caractéristiques thermiques :
II.3.6.1 Définitions :

Cette partie n'a pas été prévue au début de notre travail, néanmoins et à titre d'information nous avons voulu avoir une idée sur les caractéristiques thermiques de nos bétons, puisque la propriété la plus importante est leur pouvoir isolant qui est lié directement aux paramètres thermiques. Toutefois, une étude détaillée du comportement thermique des bétons élaborés pourra faire l'objet d'une étude ultérieure.

Avant d'expliciter les procédures expérimentales, il est nécessaire de définir les paramètres caractérisant le pouvoir isolant d'un matériau:

➢ **La conductivité thermique :**

La conductivité thermique λ exprimée en $W.m^{-1}K^{-1}$, traduit l'aptitude d'un matériau à conduire la chaleur. Parmi les facteurs qui influent sur la conductivité thermique des matériaux de construction, citons : la porosité et la teneur en eau.

➢ **La capacité calorifique :**

Elle traduit l'aptitude d'un matériau à emmagasiner la chaleur, elle est notée (**c**) et exprimée en $J.kg^{-1}.K^{-1}$.

➢ **La diffusivité thermique :**

Le rapport $a = \lambda/\rho c$ est appelé diffusivité thermique du matériau, elle exprime la vitesse de propagation d'une perturbation thermique dans un milieu, elle est exprimée en (m^2/s).

➢ **L'effusivité thermique :**

L'effusivité thermique est la propriété d'un corps à arracher de la chaleur à un autre corps avec lequel il est mis en contact, elle est caractérisée par un coefficient d'arrachement ou effusivité, $b = \sqrt{\lambda \rho c}$ exprimée en (J.m^{-2}.s$^{-1/2}$.K^{-1}) [17,29].

II.3.6.2 Méthodes de mesure des paramètres thermiques

De nombreuses méthodes de mesure de la conductivité thermique, de la diffusivité thermique et de l'effusivité thermiques des matériaux s'appuient donc sur la détermination d'un champ de température dans des échantillons de géométrie connue, en imposant des conditions aux limites constantes ou variables avec le temps. Parmi ces méthodes, citons deux méthodes les plus utilisées, il s'agit de la technique de la sonde monotige à faible inertie thermique [70], et la méthode de la sonde plane **TPS** (Transitent Plane Source) [71].

Pour nos mesures on a utilisé la technique de la sonde plane **TPS**, en raison de sa capacité de détermination de la conductivité et la capacité thermique des matériaux contrairement à la méthode de la sonde monotige qui ne permet de déterminer que la conductivité thermique, de plus les erreurs liées à la résistance de contact sont minimes dans la **TPS** que dans la sonde monotige.

II.3.6.3 Dispositif expérimental :

L'essai consiste à placer en sandwich la sonde TPS (figure II.9) et la relier à un circuit électrique. La variation de la résistance aux bornex du pont de Whestone, ΔU permet d'accéder à la différence de potentielle $\Delta E(t)$ aux bornes de l'élément TPS. Une relation entre $\Delta E(t)$ et la variation de température dans l'élément **TPS** peut être établie. Celle-ci est fonction de la diffusivité thermique **a** et de conductivité thermique λ. Un traitement mathématique approprié permet d'accéder à λ.**a** et ensuite c

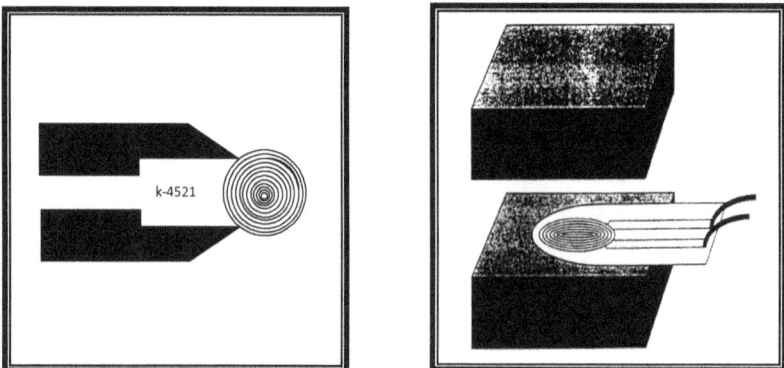

Figure II.09 Schéma de la sonde TPS
100

III. Matériaux et résultats expérimentaux

III.1 Matières premières :

Les principaux constituants des bétons de sable calcaires élaborés dans ce travail sont :

> **Le sable :**

Le sable utilisé est un sable calcaire de granulométrie 0/3 provenant des déchets de concassage des roches massives issus des calcaires dolomitiques du turonien, la source de ce sable est la carrière de Ouazane située à la limite septentrionale du djebel Makrane au voisinage du pont de l'oued M'Zi dans la commune de Laghouat. .

> **Le ciment**

Le ciment utilisé est un ciment portland composé CPJ45 Provenant de la cimenterie de Sour El Ghozlane.

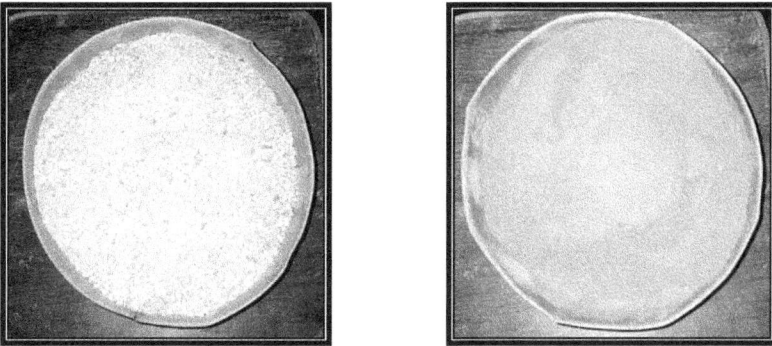

Figure III.1 Echantillons de sable calcaire 0/3 et de ciment CPJ45

> **Les Granulats :**

Deux types de granulats légers sont utilisés pour l'élaboration des bétons légers, objet de cette étude :

- Les granulats de bois : ils proviennent des déchets de l'industrie de bois (menuiserie).
- Les granulats de polystyrène : Confectionnés au laboratoire par déchiquetage des panneaux et blocs de polystyrène utilisés dans l'emballage des équipements électroménagers.

. Afin d'étudier l'influence de la grosseur des granulats sur les caractéristiques physico-mécaniques des bétons ; deux classes granulaires sont employées dans

101

l'élaboration des bétons légers aux granulats de bois et aux granulats de polystyrène. Il s'agit des classes granulaires 3/8 et 8/15.

Granulométrie3/8   Granulométrie 8/15

Figure III.2 Echantillons de granulats de polystyrène

Granulométrie 3/8   Granulométrie 8/15

Figure III.3 Echantillons de granulats de bois granulométrie 3/8 et 8/15

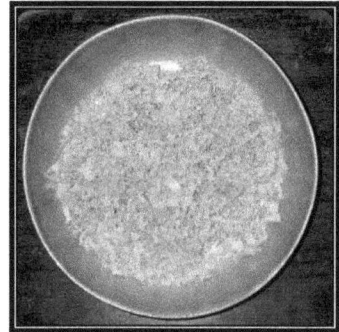

➢ **Eau :** L'eau de gâchage utilisée est une eau potable du robinet d'un PH de 7 ± 0.2.

III.2 Caractérisation des matières premières :

III.2.1 Le sable de calcaire :

➢ **Analyse granulométrique :**
  • **par tamisage**

Les résultats de l'analyse granulométrique du sable calcaire sont représentés par la courbe granulométrique sur la figure III.4.

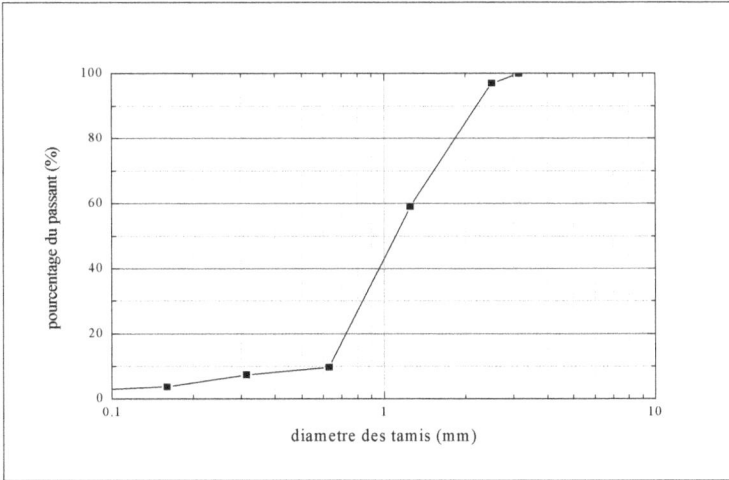

Figure III.4 Courbe granulométrique du sable calcaire

- **Par sédimentation :**

Les résultats obtenus sont représentés sur la figure III.5

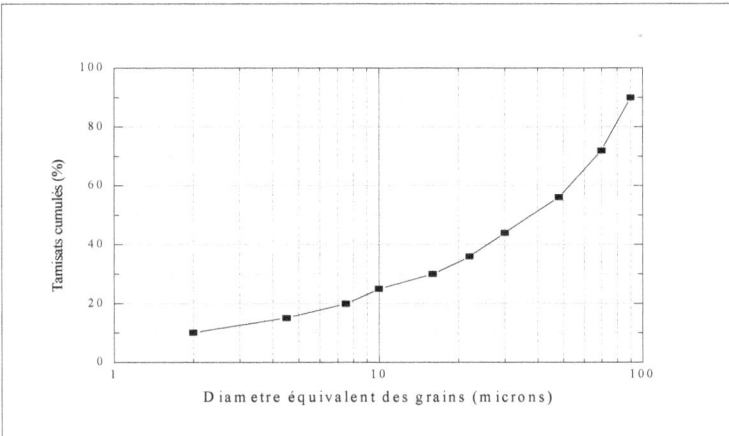

Figure III.5 Courbe granulométrique par sédimentométrie du sable calcaire

Les figures III.4 et III.5 montre que le sable utilisé est un sable à granulométrie étalée non uniforme (Cu=2.78 et Cc=1.06) composé essentiellement de grains de diamètre compris entre 1mm et 3.25mm, il est pauvre en éléments fins, leur pourcentage est inférieur à 6.5%.

> **Caractéristiques physiques :**

Les résultats des essais de caractérisation du sable sont résumés dans le tableau III.1 :

Tableau III.1 Caractéristiques physiques du sable calcaire

Masse volumique apparente (kg/m3)	Masse volumique absolue (kg/m3)	Equivalent de sable (%)	Absorption (%)	Module de finesse
1561	2608	84	2.45	3.23

Les valeurs du tableau III.1 montrent que le sable exploité est un sable grossier, propre et sans trop d'impuretés, son emploi comme sable de béton peut conférer à ce dernier les performances mécaniques requises. Le taux d'absorption du sable calcaire est relativement élevé par rapport au sable siliceux, ceci doit être pris en considération dans l'optimisation de la quantité d'eau de gâchage.

> **Caractéristiques minéralogiques:**

Le résultat de l'analyse par diffraction au rayon X du sable calcaire est représenté dans le diffractogramme de la figure III.6

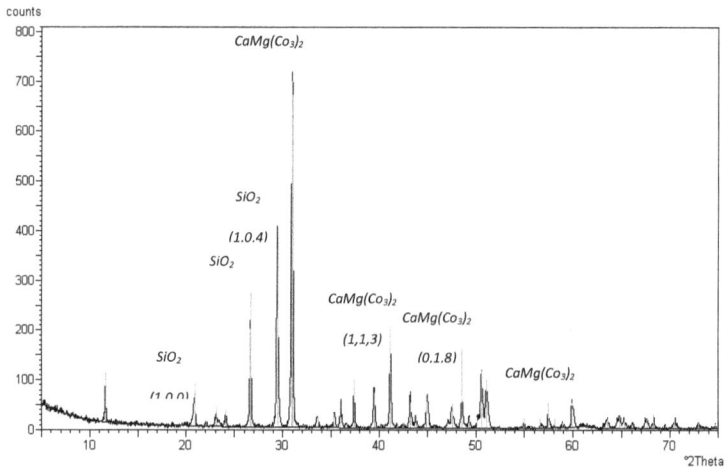

Figure III.6 : Diffractogramme du sable calcaire

Cette analyse a permis de déceler la nature des éléments composants le sable calcaire, ils sont en totalité de la dolomite $CaMg(Co_3)_2$ et quelques éléments de quartz SiO_2.

III.2.2 Le ciment :
➤ Caractéristiques physiques :
Les caractéristiques physiques du ciment CPJ45 utilisé sont résumées dans le tableau III.2 :

Tableau III.2 Caractéristiques physiques du ciment

Masse volumique apparente (kg/m3)	Masse volumique absolue (kg/m3)	Surface spécifique (cm2/g)	Prise à froid	Prise à chaud	Expansion (mm)	Classe vraie	
						Rc (MPa)	Rt (MPa)
1410	3010	3640	2h25 5h10	30mn 1h10	10	43.2	4.3

➤ Composition chimique et minéralogique :
La composition chimique du ciment CPJ a été obtenue à travers la fiche technique donnée par l'usine de Sour El Gozlane. Cette composition est résumée dans le tableau III.3 :

Tableau III.3 Composition chimique du ciment CPJ45 de Sour El Gozlane

Elément	SiO2	AL2O3	Fe2O3	CaO	MgO	SO3	Perte au feu	total
Quantité %	20.66	4.77	2.88	63.31	1.17	2.32	1.06	96.17

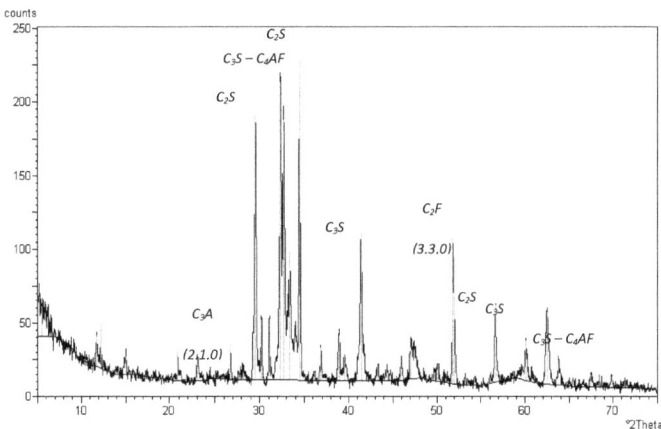

Figure III.7 Diffractogramme du ciment CPJ 45

D'après le diffractogramme du ciment on peut confirmer l'existence des silicates tricalciques C_3S ; des silicates bicalciques C_2S ; des Ferro-aluminates tétra calciques C_4AF qui sont généralement les composants de base des ciments CPJ. L'analyse a aussi révélé l'existence des aluminates tricalcique C_3A et des ferrites tricalcique C_2F.

Les résultats de caractérisation physico mécanique et chimiques du ciment utilisé confirment bien la classe avec laquelle le ciment est identifié et commercialisé, sa finesse et son pourcentage élevé en CaO peuvent conférer aux bétons élaborés des performances requises.

III.2. 3 Les granulats :

> **Analyse granulométrique :**

L'analyse granulométrique des deux classes granulaire 3/8 et 8/15 des granulats de polystyrène et de bois sont représentés avec celle du sable dans les figures III.8et III.9

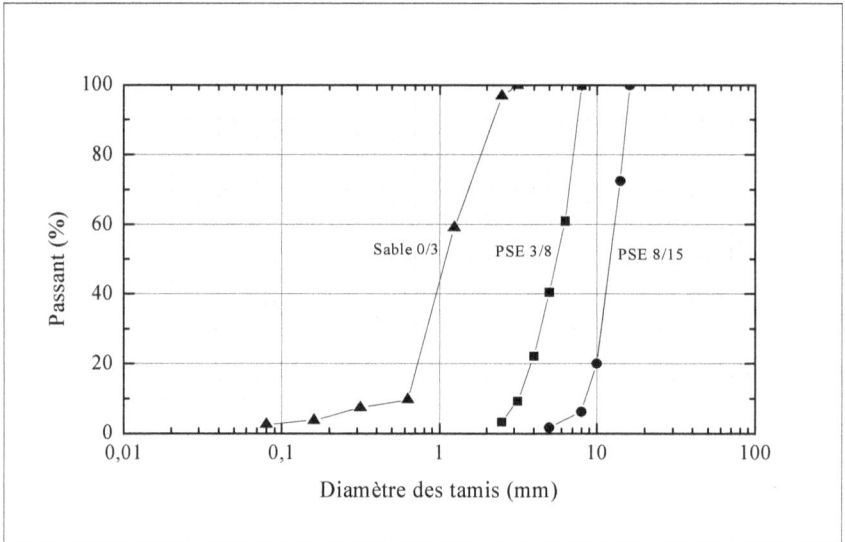

Figure III.8 Courbe granulométrique des granulats de polystyrène y compris le sable

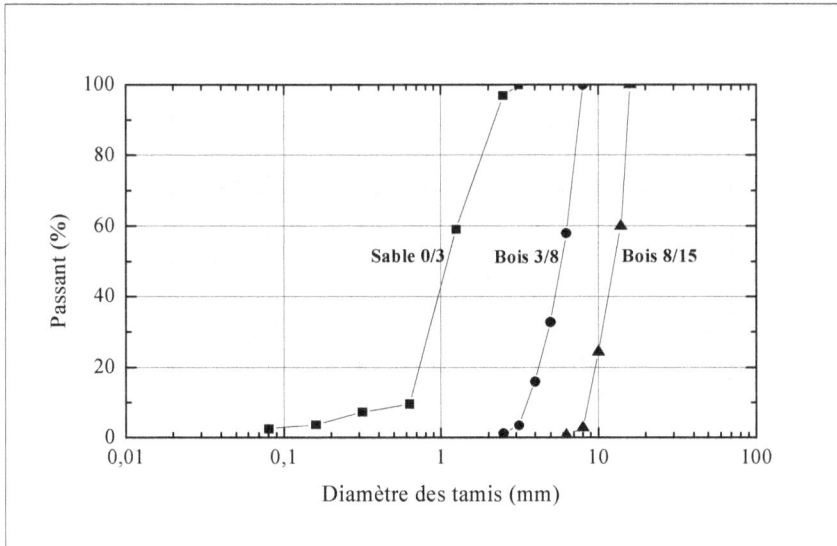

Figure III.9 Courbe granulométrique des granulats de bois y compris le sable

L'analyse des courbes granulométriques des granulats de polystyrène et de bois montre que les granulats 3/8 forment avec le sable une granulométrie continue et serrée, par contre une discontinuité est présentée avec la granulométrie 8/15.

➢ **Caractéristiques physiques :**

L'ensemble des caractéristiques physiques des granulats sont rassemblées dans le tableau III-4:

Tableau III-4 Caractéristiques physiques des granulats.

	Masse volumique apparente (kg/m^3)	Masse volumique absolue (kg/m^3)	Porosité (%)	Taux d'absorption (Kg/kg)
Bois	201	541	62.8	3.05
Polystyrène	20	1080	98	0.48

Ces résultats montrent que le polystyrène est ultra léger par rapport au bois. En effet pour un pourcentage volumique égal, il est évident que le béton de polystyrène possède la masse volumique la plus faible. D'autre part le taux d'absorption des granulats de bois est d'environ six fois plus grand que celui du polystyrène .Ceci est dû plus à la nature du granulat qu'à sa porosité. Ce qui explique l'importance des variations dimensionnelles des bétons de bois [24,33].

Le polystyrène a une porosité supérieure à celle du bois et c'est ce qui explique le fait que la masse volumique apparente du bois est environ dix fois celle du polystyrène.

III.3. Formulation et élaboration des bétons calcaires légers :

La plupart des bétons légers, notamment les bétons légers de structure sont formulés de la même manière que les bétons classiques. Les critères recherchés dans les méthodes de formulation sont généralement la résistance et la maniabilité [1, 5, 7, 11,67]. Par contre, pour les bétons légers de construction et d'isolation, un compromis entre la résistance et les performances physiques et thermiques doit être optimisé lors de la formulation, c'est le cas des bétons de polystyrène et les bétons de bois élaborés dans ce travail.

III.3.1 Formulation du mortier témoin :

Ce béton est un béton dépourvu de granulats, il est composé essentiellement de ciment, de sable et éventuellement de l'eau.

• Dosage en ciment

Comme il a été cité auparavant pour l'élaboration d'un mortier normalisé, nous avons choisi un rapport C/S=1/3, ce dosage sera fixé pour tous les échantillons élaborés.

• Optimisation du dosage en eau :

Pour un dosage en ciment C/S=1/3, on a procédé à la confection d'une série d'éprouvettes 10x10x10 cm en faisant varier le rapport E/C d'une valeur minimale de 0.35 à une valeur maximal de 0.65. Après 28 jours on soumet ces différents échantillons à l'essai d'écrasement par compression. Le pourcentage d'eau optimum est celui qui fournit la résistance à la compression maximale.

Les résultats des résistances des mortiers pour les différents dosages en eau sont représentés dans le tableau III-5

Tableau III.5 Valeurs de la résistance en compression en fonction du rapport E/C

Dosage en eau (E/C)	0.35	0.40	0.45	0.50	0.55	0.60	0.65
Résistance à la compression (MPa)	9	14	18	21.2	24	25.3	23.5

La variation de la résistance à 28 jours en fonction du rapport E/C est représentée sur la figure III.10.

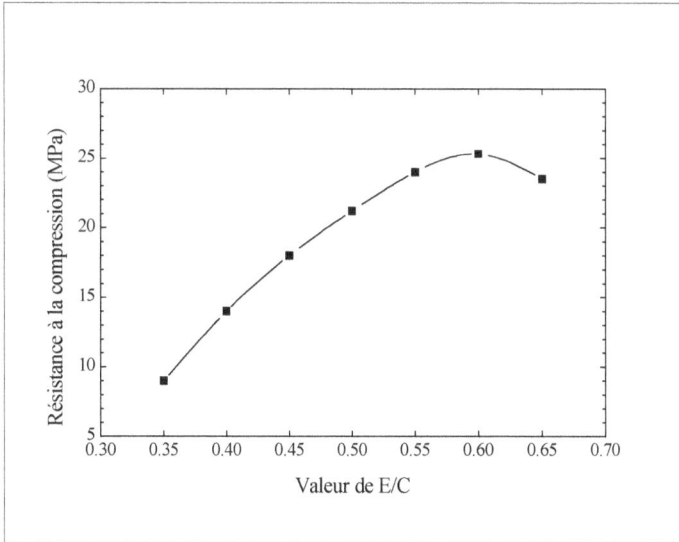

Figure III.10 Variation de la résistance à la compression du béton témoin en fonction du rapport E/C

D'après les résultats obtenus, on voit que l'optimum des résistances correspond à un rapport E/C=0.6. Ce rapport est maintenu pour déterminer la quantité de l'eau de gâchage des bétons élaborés à laquelle on doit ajouter la quantité nécessaire pour compenser le taux d'absorption des granulats.

III.3.2 Formulation des bétons élaborés :

○Détermination du dosage minimum de granulats :

Afin de situer les deux types de bétons dans la gamme des bétons légers (c'est-à-dire masse volumique inférieur à 1800 kg/m³), nous avons réalisé une série de compositions en démarrant par un faible dosage en granulat et chaque fois on augmente ce dernier, puis on pèse les échantillons après séchage à l'étuve, et finalement on prend comme dosage initial en granulats celui qui nous donne une masse volumique qui se rapproche de la valeur 1800kg/m³.

○**Proportions des granulats employées :**

Les dosages pondéraux en granulats sont calculés par rapport au poids du sable utilisé. Pour le béton de polystyrène on a démarré d'un pourcentage de 0.5% jusqu'à 3% avec un pas de 0.5%.

Pour le béton de bois et pour fixer un même critère de comparaison avec le béton de polystyrène, les pourcentages pondéraux en bois correspondent aux

mêmes pourcentages volumiques retenus pour les granulats de polystyrène, ce qui correspond respectivement aux pourcentages suivants :
3.25% ; 6.5% ; 9.75% ; 13% ; 16.25% ; 19.5%.
Les compostions pondérales des séries des bétons formulés sont représentées dans les tableaux III.6 et III.7.

Tableau III.6 Compositions pondérales des bétons de polystyrène

Série	ciment (kg)	sable (kg)	G/S (%)	granulats (kg)	Eau utile (litres)	Absorption des granulats (litres)	eau totale (litres)
Série 0	8.2	24.6	0	0	4.92	0	4.92
Série 1	6.0	18.0	0.5	0.090	3.6	0.045	3.645
Série 2	7.0	21.0	1	0.210	4.2	0.105	4.305
Série 3	5.0	15.0	1.5	0.225	3.0	0.112	3.112
Série 4	4.4	13.2	2	0.264	2.64	0.132	2.732
Série 5	3.9	11.7	2.5	0.292	2.34	0.146	2.486
Série 6	3.3	9.9	3	0.297	1.98	0.148	2.128

Tableau III.7 Composition pondérales des bétons de Bois

Série	ciment (kg)	sable (kg)	G/S (%)	granulats (kg)	Eau utile (litres)	Absorption des granulats (litres)	eau totale (litres)
Série 0	8.2	24.6	0	0	4.92	0	4.92
Série 1	6.0	18.0	3.25	0.585	3.6	1.755	5.355
Série 2	5.5	16.5	6.50	1.072	3.3	3.216	6.516
Série 3	5.0	15.0	9.75	1.462	3.0	4.386	7.388
Série 4	4.4	13.2	13.00	1.716	2.64	5.148	7.788
Série 5	3.9	11.7	16.25	1.901	2.34	5.703	8.443
Série 6	3.3	9.9	19.5	1.930	1.98	5.790	7.77

III.3.3 Préparation des éprouvettes :

> ➤ **malaxage :**

Afin d'éviter le problème de ségrégation en raison de la légèreté des granulats le mode de malaxage suivant a été adopté :

Le sable et le ciment sont introduits en premier dans la bétonnière, le malaxage dure pendant deux minutes. On introduit ensuite les ¾ de la quantité d'eau nécessaire et le malaxage continu pendant une minute. Les granulats sont introduits graduellement pendant que le malaxage continue pendant une autre minute. Enfin on ajoute la quantité d'eau restante et on laisse la bétonnière tourner pendant une dernière minute.

> ➤ **La mise en moule :**

Le choix des dimensions du moule est fixé par la norme NF P.18-400 [6]. Il doit satisfaire le critère de l'échelle de volume représentatif stipulant que la plus petite dimension du moule doit être largement supérieure à la dimension du plus gros granulats, de plus les dimensions permettent de réaliser les essais de caractérisation recherchés. Pour la caractérisation physicomécaniques des bétons élaborés dans ce travail, le choix de moules de dimensions 4x4x16cm pour les mortiers témoins et 7x7x28cm pour les bétons à granulats légers convient largement pour effectuer les essais de caractérisation.

La mise en moule est faite sans vibration à raison de quatre couches damées à 25 coups chacune est cela afin d'éviter tout problème de ségrégation affectant l'homogénéisation des échantillons.

Afin d'étudier l'apport de l'environnement de cure sur les caractéristiques physicomécaniques les éprouvettes ainsi élaborées sont conservées dans deux environnement :

- Les conditions ambiantes du laboratoire qu'on désigne par l'environnement 1 (ENV 1).
- Une cure par immersion dans l'eau à 20 ±2°c désignée par l'environnement 2 (ENV 2).

III.4 Caractérisation des bétons frais :

> ➤ **Consistance et maniabilité :**

Vue que les bétons de bois et de polystyrène ont des maniabilités très faibles, et que les essais au cône d'Abrams ont donné des affaissements presque nulles on a utilisé le consistometre Vébé pour l'estimation de la maniabilité des bétons ; les résultats obtenus sont résumés dans le tableau III.8.

Tableau III.8 Valeur du temps Vébé en fonction du dosage en granulats

Série d'échantillons	Série 0	Série 1	Série 2	Série 3	Série 4	Série 5	Série 6
Béton de polystyrène	3s	10s	15s	22s	27s	30s	40s
Béton de bois	3s	12s	18s	24s	26s	33s	45s

D'après les valeurs obtenues du temps de l'essai de consistance Vébé, qui sont toutes supérieurs à 10 seconde on voit bien que les deux bétons ont une faible maniabilité qui est causée par la forme des grains et par le dosage élevé en granulats, d'autre part on a remarqué pendant le malaxage que les granulats augmentent de volume en ayant fixé un film épais de ciment et de sable autour de leur périphérie. Cette maniabilité faible peut être améliorée en utilisant des adjuvants tels que les plastifiants [1, 2, 5,18]. Il faut noter que cette faible maniabilité est à l'origine des défauts présents parfois dans les éprouvettes confectionnées, c'est pourquoi que nous avons adopté un mode de remplissage et de compactage cité dans le chapitre II.

III.5 Caractéristiques du béton durci :
Avant d'entamer cette partie, on désigne par :
-**BCLP** : béton de calcaire léger de polystyrène ;
- **BCLB :** béton de calcaire léger de bois ;
- **PSE :** polystyrène ;
-**Granulo** : granulométrie.

III.5.1 Caractéristiques physiques :
III.5.1.1 Variation de la masse volumique apparente en fonction du dosage en granulats :
• **Le béton de polystyrène**
Les résultats des masses volumiques des BCLP 3/8 et 8/15 sont représentés dans les figures III.11 et III.12 pour les deux modes de cures.

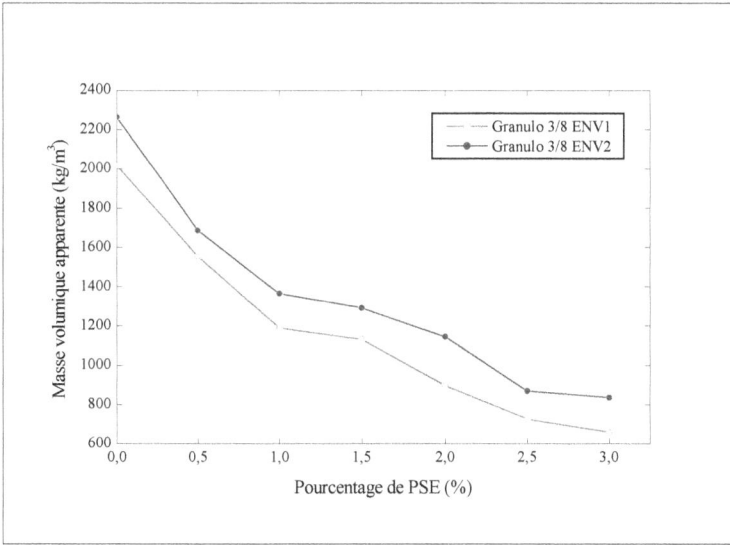

Figure III.11 Variation de la masse volumique du BCLP3/8 En fonction du pourcentage de polystyrène.

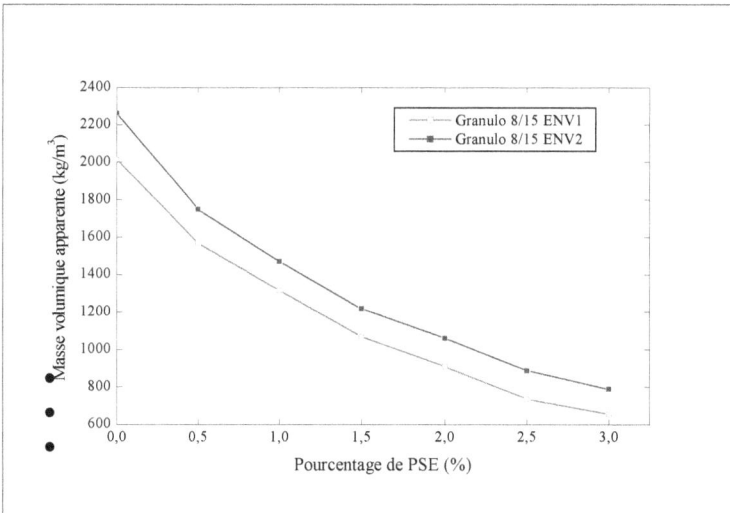

Figure III.12 Variation de la masse volumique du BCLP8/15 En fonction du pourcentage de polystyrène.

• **Le Béton de bois :**

Les résultats des masses volumiques des BCLB 3/8 et 8/15 sont représentés dans les figures III.13 et III.14 pour les deux modes de cures.

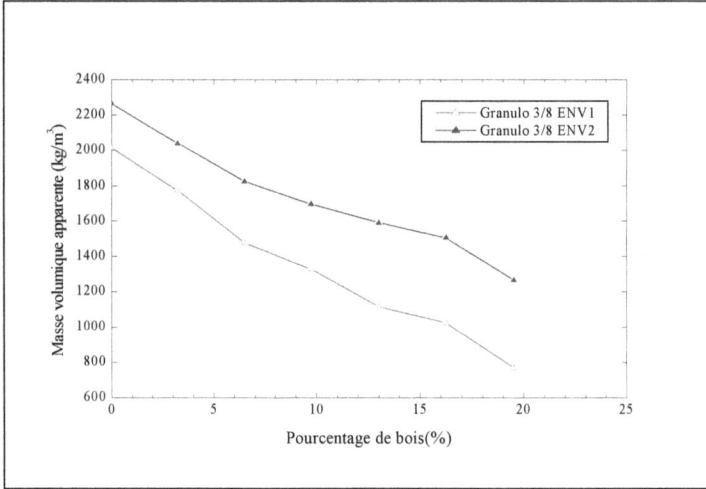

Figure III.13 Variation de la masse volumique du BCLB 3/8 en fonction du pourcentage de bois

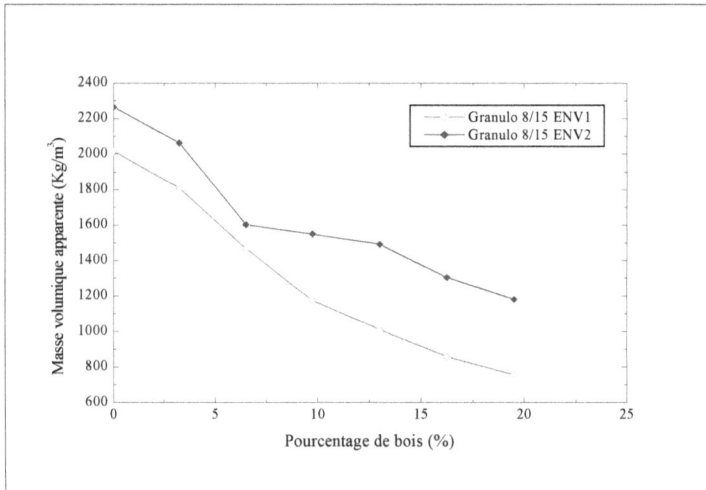

Figure III.14 Variation de la masse volumique du BCLB 8/15 en fonction du pourcentage de bois.

Les figures III.11-14 montrent que la masse volumique décroît en fonction du pourcentage des granulats 3/8 ou 8/15, cela est dû à la substitution d'une partie de la matrice par son équivalent en matériaux moins dense. De plus, la granulométrie n'a pas une influence significative sur la masse volumique vue qu'il s'agit du même pourcentage massique. Dans l'environnement humide (ENV2) on constate que la décroissance est plus rapide pour les BCLP que pour les BCLB en raison du taux d'absorption élevé des granulats de bois

III.5.1.2 Variation de la porosité des bétons élaborés en fonction du dosage en granulats :

Les résultats de la variation de la porosité en fonction du dosage en granulats pour les deux types de bétons sont représentés dans les figures III.15 et III.16. Ces figures montrent que la porosité des BCLP et des BCLB augmente en fonction du dosage en granulats. Cette augmentation est plus accentuée pour les BCLP que pour les BCLB en raison de la grande porosité des granulats de polystyrène par rapport à celle des granulats de bois.

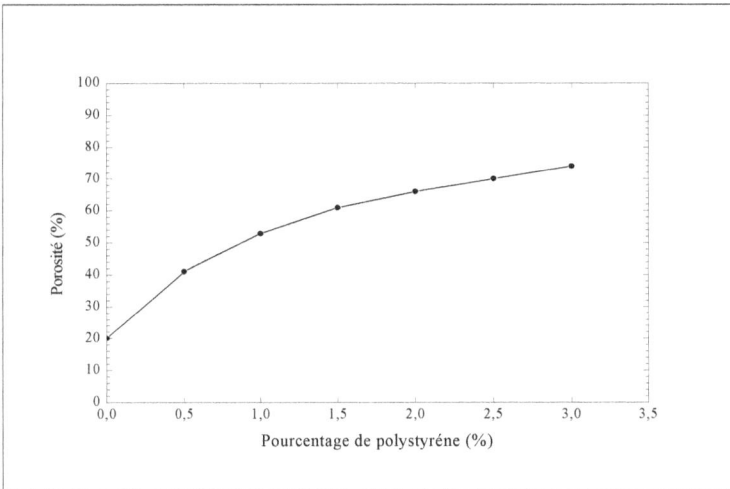

Figure III.15 Variation de la porosité des BCLP en Fonction du dosage en PSE

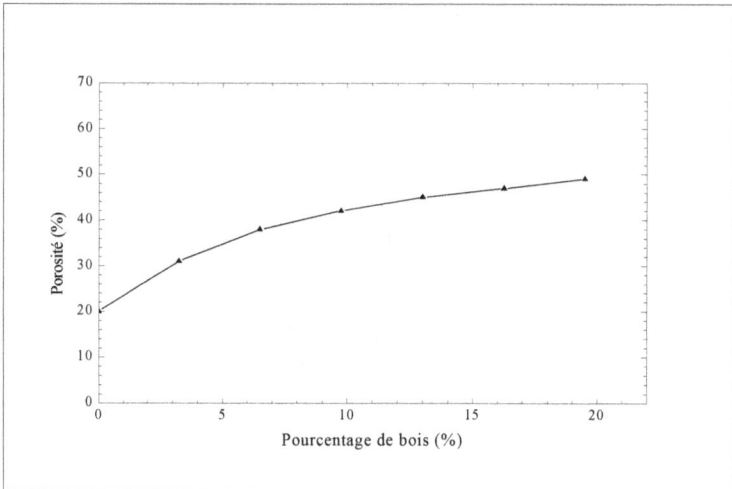

Figure III.16 Variation de la porosité des BCLB en Fonction du dosage en bois

III.5.1.3 Variations dimensionnelles :

➤ Evolution du retrait en fonction de l'âge
• Pour le BCLP:

Les variations du retrait des bétons de polystyrène en fonction de l'âge pour les deux cas de granulométrie sont représentées dans les III.17 et III.18

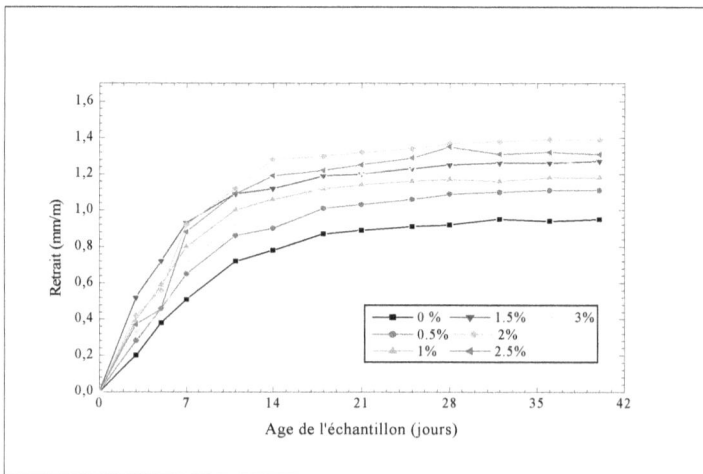

Figure III.17 Evolution du retrait du BCLP3/8 en fonction de l'age du béton

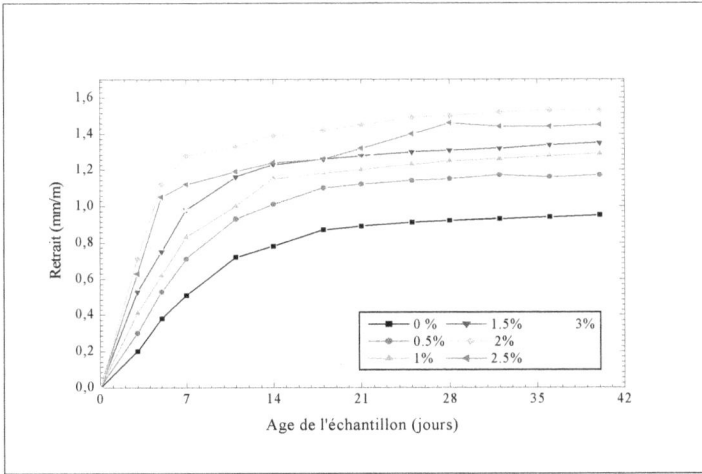

Figure III.18 Evolution du retrait du BCLP 8/15 en fonction de l'age du béton

Les figures III-17 et III-18 montrent que le retrait du BCLP augmente au fur et à mesure que le dosage en polystyrène augmente, Mais au-delà d'un dosage en PSE de 2% le retrait diminue, ceci peut être expliquer par le fait que les granulats de polystyrène, et par leur propriété élastique, facilitent plus le retrait , mais au-delà d'un pourcentage de 2% et du fait de la diminution excessive de la proportion de matrice, celle-ci se trouve limité dans son mouvement de retrait.

D'autre part on remarque que le retrait du BCLP8/15 est relativement supérieur à celui du BCLP3/8, et ceci est dû au fait que pour les granulats 8/15, dont leur nombre dans l'éprouvette est faible par rapport à celui des granulats 3/8, ce qui fait que la matrice du BCLP8/15 sera plus libre par rapport à celle du BCLP3/8.

- **Pour le BCLB**
  Les variations du retrait des bétons de bois en fonction de l'âge pour les deux cas de granulométrie sont représentées dans les III.19 et III.20

Pour le béton de bois, le phénomène de retrait est différent, en effet pour les deux granulométries, le retrait augmente au court du temps, et cela est due au retrait propre des granulats de bois après départ de l'eau. D'autre part on voit que pour les dosages importants en granulats de bois le retrait est très important, ceci est dû au faite que la proportion volumique est dominante par rapport à celle de la matrice, ce qui fait que le retrait du béton sera en grande partie le retrait des granulats de bois.

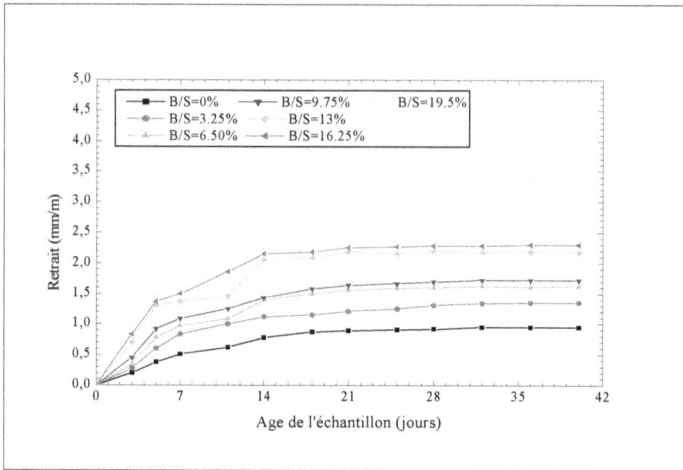

Figure III.19 Evolution du retrait du BCLB3/8 en fonction de l'age du béton.

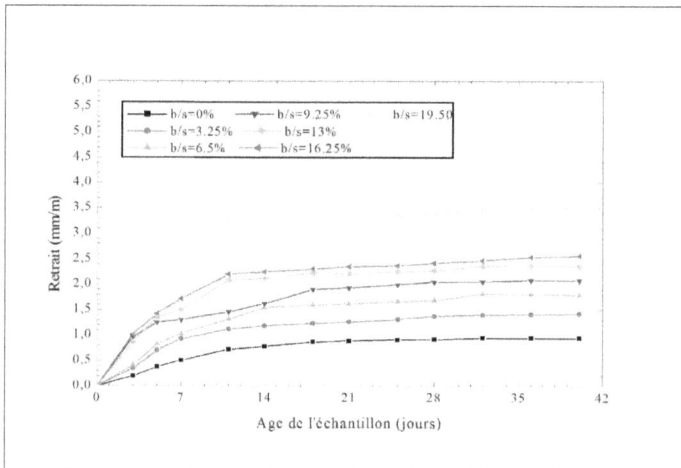

Figure III.20 Evolution du retrait du BCLB 8/15 en fonction de l'âge du béton.

Les valeurs du retrait sont comprises entre 1.35 et 3.35mm/m pour la granulométrie3/8 contre 1.42 et 1.50mm/m pour la granulométrie 8/15. Le retrait du BCLB 8/15 est légèrement supérieur à celui du BCLB 3/8, plus la taille des granulats est grande plus le retrait est important.

> **Evolution du retrait à 28 jours en fonction du dosage en granulats :**

Les variations du retrait à 28 jours des deux types de bétons en fonction du dosage en granulats sont représentées dans les figures III.21 et III.22.

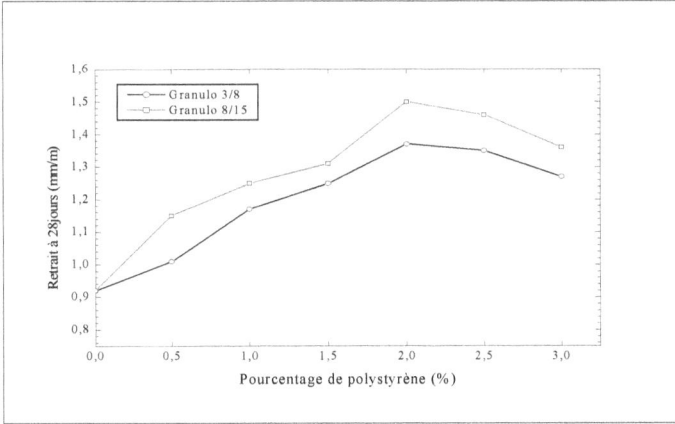

Figure III.21 Variation du retrait à 28 jours du BCLP en fonction du dosage en polystyrène

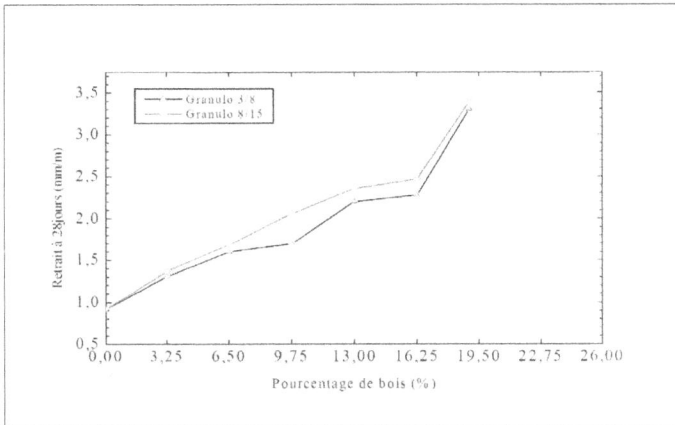

Figure III.22 Variation du retrait à 28 jours du BCLB en fonction du dosage en bois

Les figures III.21 et III.22 Montrent que le dosage en granulats influe sur retrait des BCLP et des BCLB. Les variations sont plus importantes pour les BCLB que pour les BCLP. Ceci est le résultat de la capacité d'absorption élevée du bois par rapport à celle du polystyrène.

➢ **Evolution du gonflement en fonction de l'age :**
• **Pour le BCLP :**

Les variations du gonflement du béton de polystyrène en fonction de l'âge pour les deux cas de granulométrie sont représentées dans les III.23 et III.24.

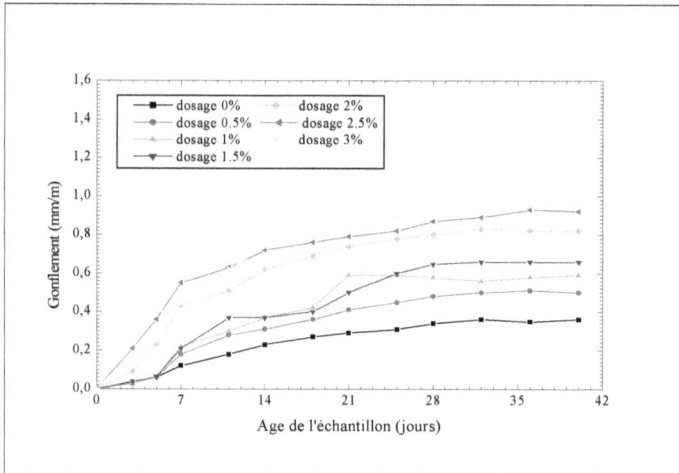

Figure III.23 Evolution du gonflement du BCLP 3/8 en fonction de l'âge du béton.

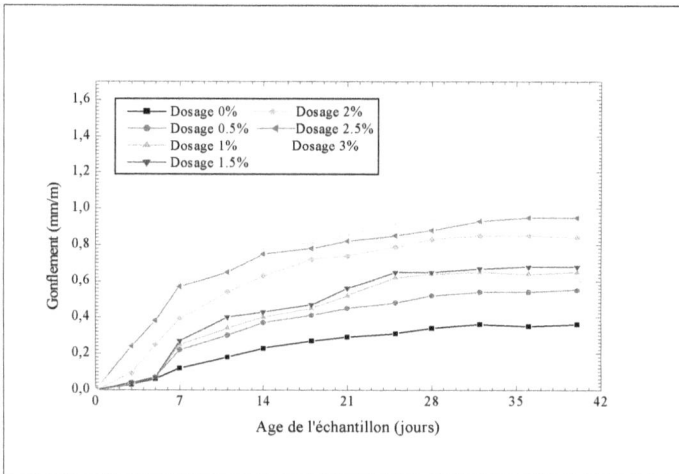

Figure III.24 Evolution du gonflement du BCLP 8/15 en fonction de l'âge du béton

Les figures III.23 et III.24 montrent que pour les deux granulométries, le gonflement du béton de polystyrène augmente au court du temps et que la granulométrie n'a pas un effet significatif sur le gonflement. Les valeurs du gonflement du béton de polystyrène sont comprises entre 0.34 et 0.94 mm/m, et sont presque proches de celles du béton témoin.

- **Pour le BCLB :**

Les variations du gonflement du béton de bois en fonction de l'âge pour les deux cas de granulométrie sont représentées dans les III.25et III.26.

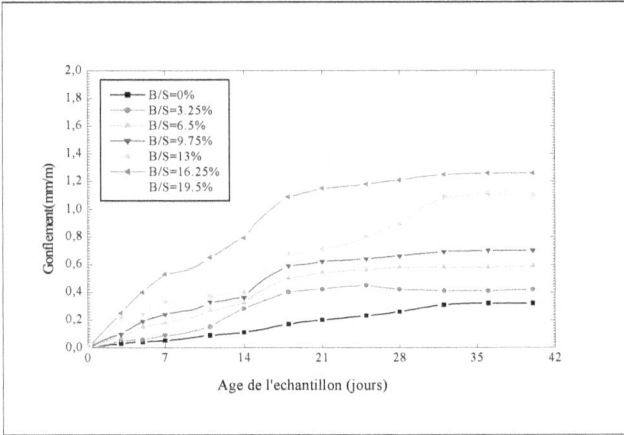

Figure III.25 Evolution du gonflement du BCLB 3/8 en fonction de l'age du béton.

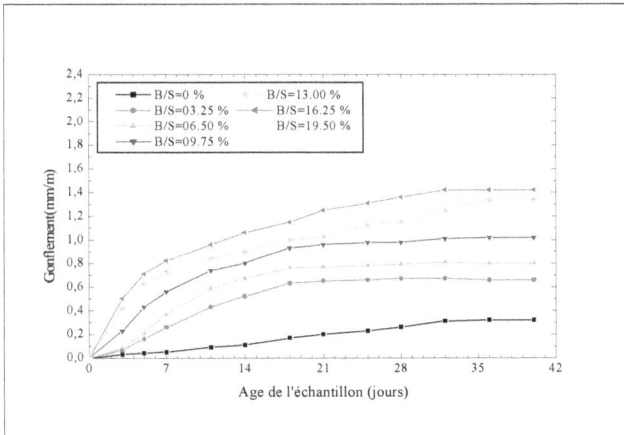

Figure III.26 Evolution du gonflement du BCLB 8/15 en fonction de l'âge du béton.

Les figures III.25 et III.26 montrent que pour les deux granulométries le gonflement augmente avec le temps, en particulier au cours des premiers jours. Lorsque l'échantillon est complètement saturé le gonflement se stabilise. Les valeurs du gonflement du béton sont très élevées et ceci à cause du pouvoir d'absorption du bois. Le gonflement du béton de bois est largement supérieur à celui du béton témoin. La granulométrie n'a pas un effet remarquable sur le gonflement.

> **Evolution du gonflement à 28 jours en fonction du dosage en granulats**

Les variations du gonflement à 28 jours des BCLP et des BCLB en fonction du dosage en granulats sont représentées dans les figures III.27 et III.28.

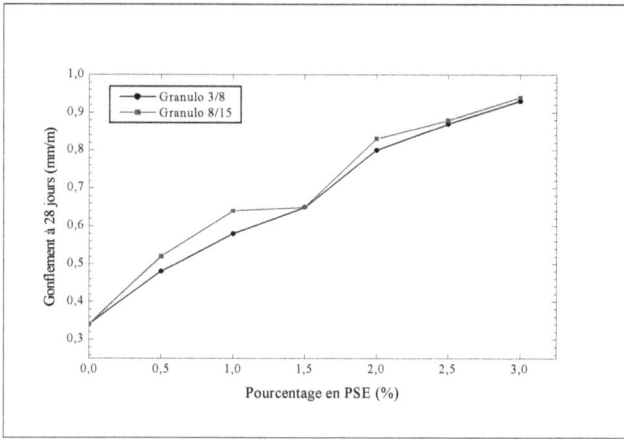

Figure III.27 Evolution du gonflement 28 jours du BCLP en fonction du dosage en polystyrène.

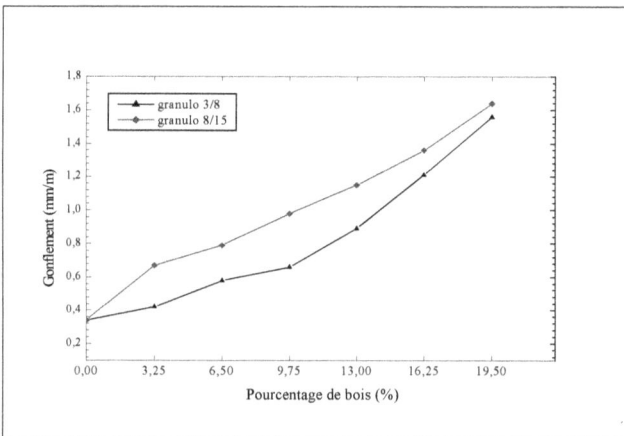

Figure III.28 Evolution du gonflement 28 jours du BCLB en fonction du dosage en bois.

Les figures III.27 et III.28 montrent que le gonflement des BCLP et des BCLB sont proportionnels aux pourcentages en granulats. D'autre part le gonflement atteint des valeurs largement supérieures à celles du béton témoin puisque les deux types de granulats sont favorables au gonflement surtout les granulats de bois.

III.5.2 Caractéristiques minéralogiques des bétons élaborés :

Il est important d'étudier l'effet de l'incorporation des granulats de polystyrène ou de bois dans la matrice sur la structure minéralogique des bétons élaborés, et de voir si au cours de l'hydratation du ciment, il y a une réaction chimique ou non entre les granulats et le ciment, pour cela on a pris trois échantillons: béton témoin; béton de polystyrène; béton de bois et on les a broyé finement, ensuite on les a passé au diffractomètre, les résultats obtenus sont représentés sur les figures :III.29;III.30 ;III.31.

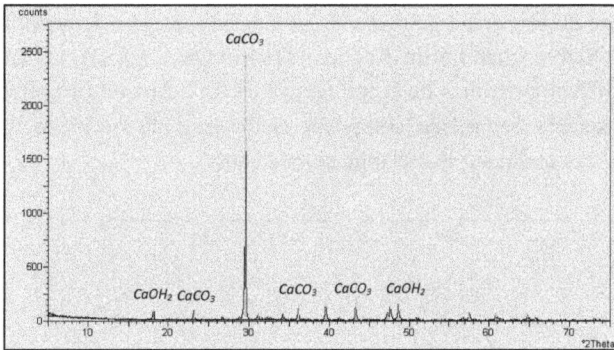

Figure III.29 Diffractograme au rayon X du béton témoin

D'après l'analyse au diffractometre du béton témoin on peut dire que celui-ci est composé essentiellement de carbonate de calcium (CaCo3) et d'hydroxyde de calcium (Ca (OH)2) en petites quantités. Du point de vue réactivité, la chaux qui est l'un des composé principal du ciment s'est transformée en carbonate de calcium ou calcite($CaCO_3$) par carbonatation (Cao+CO $\longrightarrow$ $CaCO_3$), d'autre part, la combinaison des ion Ca^{++} de la calcite avec les différentes silicates tricalciques donne du CSH et de l'éttringite. On sait aussi qu'au cours du durcissement les aluminates calciques hydratés CAH se combinent avec les ions CO_3^{2-} pour donner les monocarboaluminates de calcium [2,7].

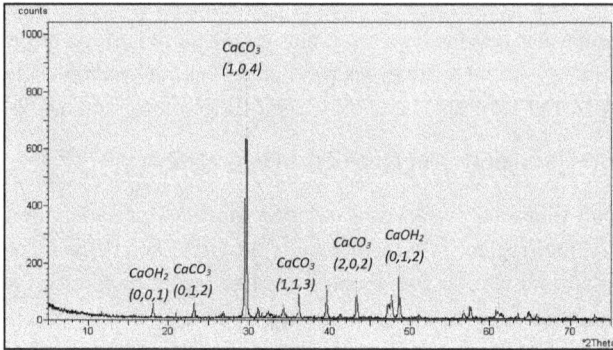

Figure III.30 Diffractogramme au rayon X du béton de polystyrène

Même chose le béton de polystyrène et d' après analyse du spectre qui nous a révéler l'existence de carbonate de calcium (CaCo3) en grande quantité ainsi que du quartz ,et en faible quantité du Calcium Hydroxyde $Ca(OH)_2$ .D'autre part en comparant les diffractogrammes du béton témoin et du béton de polystyrène on voit qu'il y a pratiquement les même composés et on peut dire que les granulats de polystyrène sont inerte devant le mélange ciment sable.

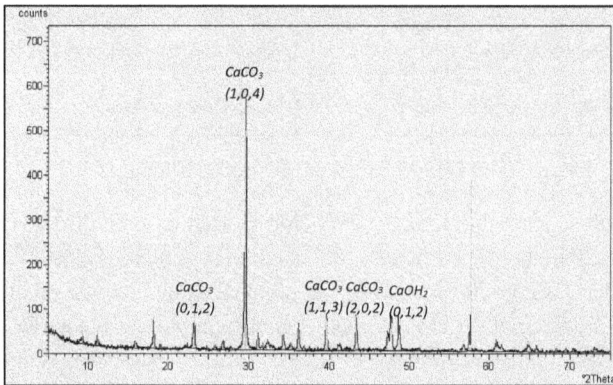

Figure III.31 Diffractogramme au rayon X du béton de bois

Pour le béton de bois on retrouve les mêmes composants que le béton de polystyrène et reste un pic qui correspond à $2\theta = 57.5$ qui n'a pas été identifié et d'après les références bibliographiques l'introduction des granulats de bois dans la matrice conduit à la réaction de la cellulose avec les composés du ciment en donnant des acides saccharique $C_{12}H_{14}O_{13}$ et des Gluconates de calcium $C_6H_{11}CaO_7$ [23].

124

III.5.3 Aspect interne des bétons élaborés :

Des coupes d'échantillons de différents dosages pour les deux types de bétons, ont été photographiées et représentés dans les figures III.32 et III.33 pour le BCLP et dans les figures III.34 et III.35 pour le BCLB

III.5.3.1 Aspect des BCLP :

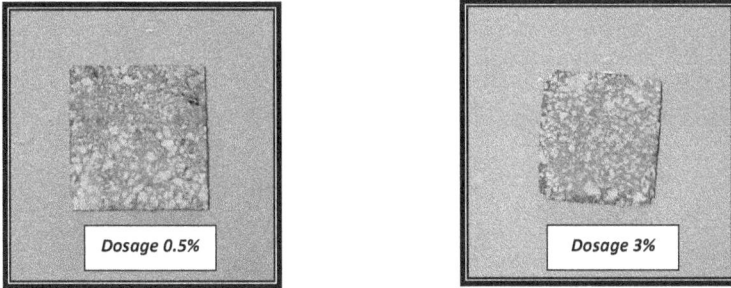

Dosage 0.5%

Dosage 3%

Figure III.32 Photos de coupes d'échantillons de BCLP 3/8

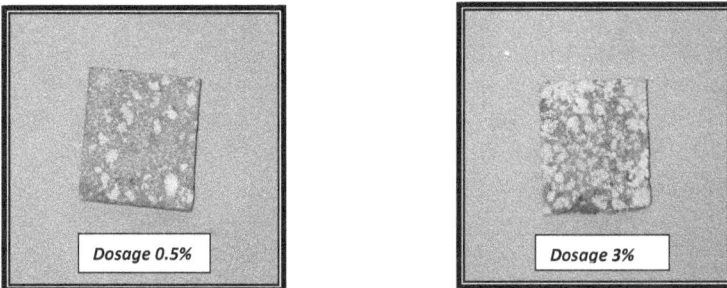

Dosage 0.5%

Dosage 3%

Figure III.33 Photos de coupes d'échantillons de BCLP8/15

III.5.3.2 Aspect des BCLB :

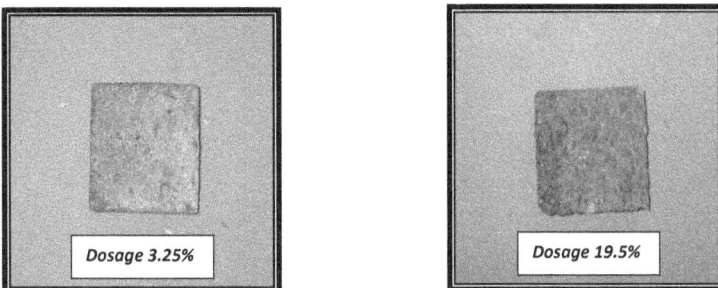

Dosage 3.25%

Dosage 19.5%

Figure III.34 Photos de coupes d'échantillons de BCLB3/8

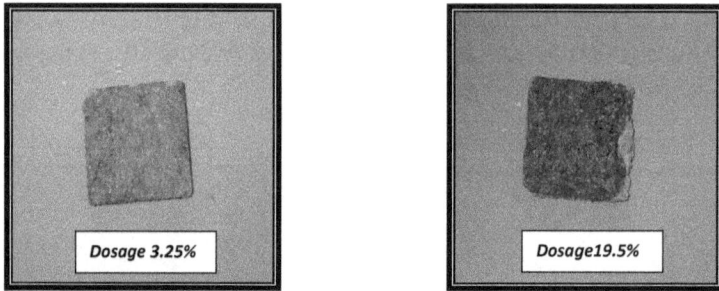

Figure III.35 Photos de coupes d'échantillons de BCLB8/15

Une analyse des photos de coupes des échantillons des bétons de polystyrène et de bois révèle une distribution homogène des granulats dans la matrice pour les faibles pourcentages en granulats, elle est d'autant plus homogène pour les forts dosages en granulats.

III.5.4 Caractéristiques mécaniques :
III.5.4.1 Résistance à la compression :
➤ Résistance à la compression en fonction de la masse volumique :

Les résultats des essais de compression sur les échantillons de BCLP et de BCLB après 28 jours sont représentés dans les figures III.36; III.37; III.38 ; III.39.

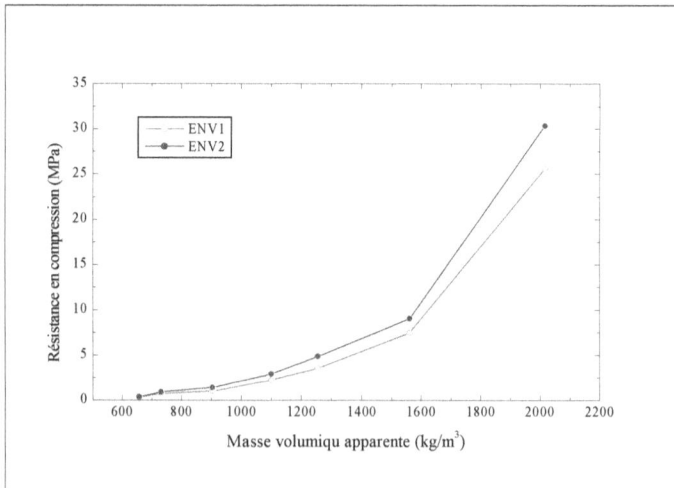

Figure III.36 Variation de la résistance en compression des BCLP3/8 en fonction de la densité

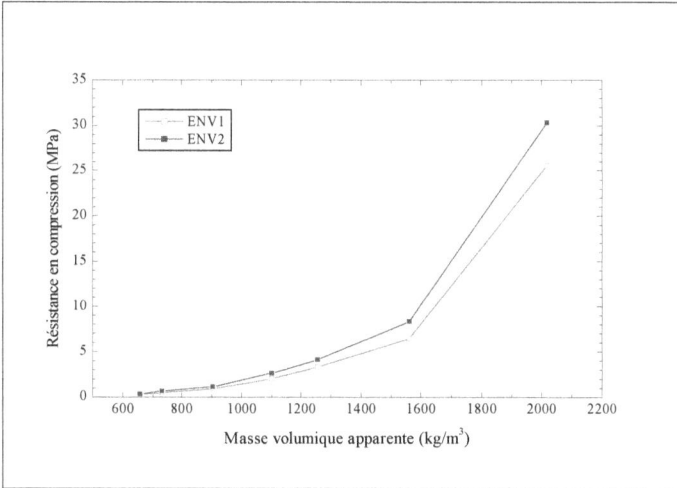

Figure III.37 Variation de la résistance en compression des BCLP 8/15 en fonction de la densité

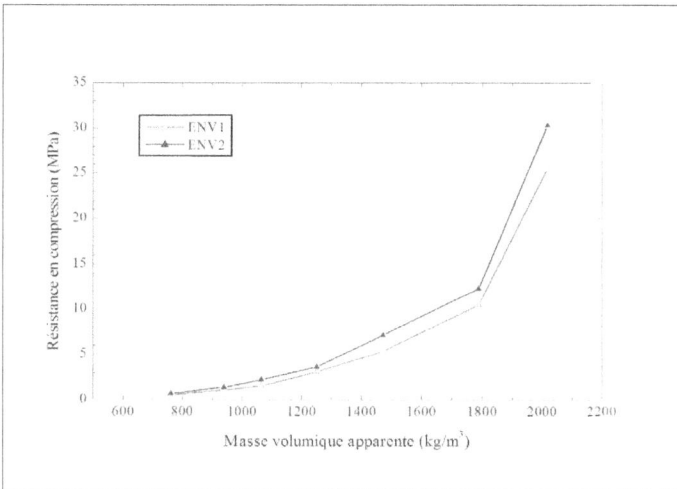

Figure III.38 Variation de la résistance en compression des BCLB 3/8 en fonction de la densité.

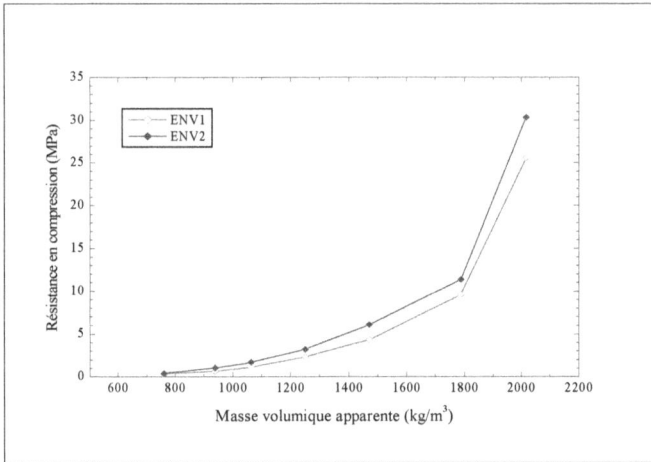

Figure III.39 Variation de la résistance en compression des BCLB 8/15 en fonction de la densité

Les figures III.36 à III.39 montrent que la résistance à la compression des BCLP et des BCLB diminue lorsque la densité diminue .Une chute très rapide de la résistance est constatée en passant du béton témoin au béton le moins allégé. Cette décroissance est de plus en plus faible en augmentant le dosage en granulats. Une amélioration de la résistance est obtenue pour le mode de conservation dans l'eau et ceci pour les deux types de bétons. L'effet de la taille des granulats influe également sur la résistance, celle-ci diminue lorsque la taille des granulats augmente. On remarque également qu'à densité égale, le BCLP a une résistance plus élevée que celle du BCLB. Ceci est dû au fait que pour obtenir la même densité il faut utilisé un volume de granulats de bois supérieur à celui du polystyrène. L'échantillon du BCLB présente dans ce cas une tortuosité matricielle plus élevée que celle dans le BCLP, c'est la raison pour laquelle la résistance chute.

➤ **Résistance à la compression en fonction de la porosité :**

Les variations de la résistance à la compression en fonction de la porosité pour les deux types de bétons sont représentées dans les figures III.40 à III.43.

128

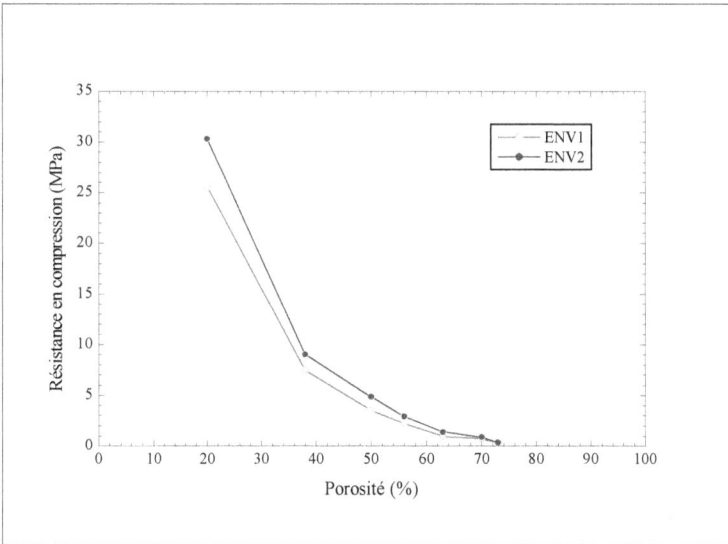

Figure III.40 Variation de la résistance à la compression des BCLP 3/8 en fonction de porosité

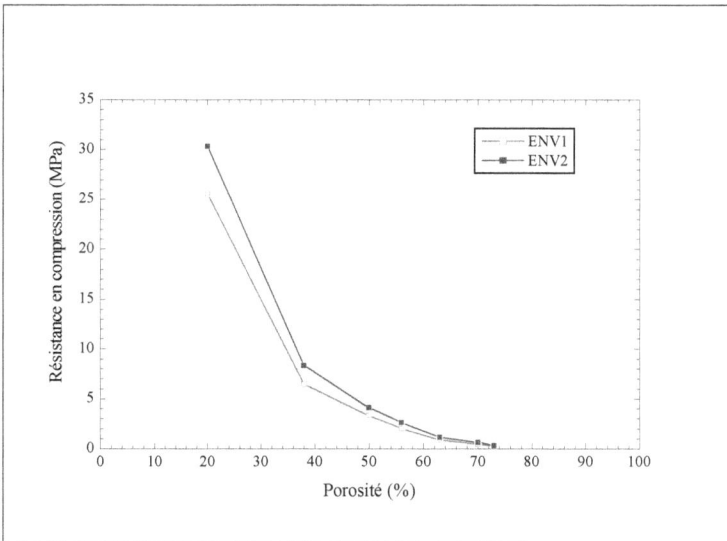

Figure III.41 Variation de la résistance à la compression des BCLP 8/15 en fonction de la porosité

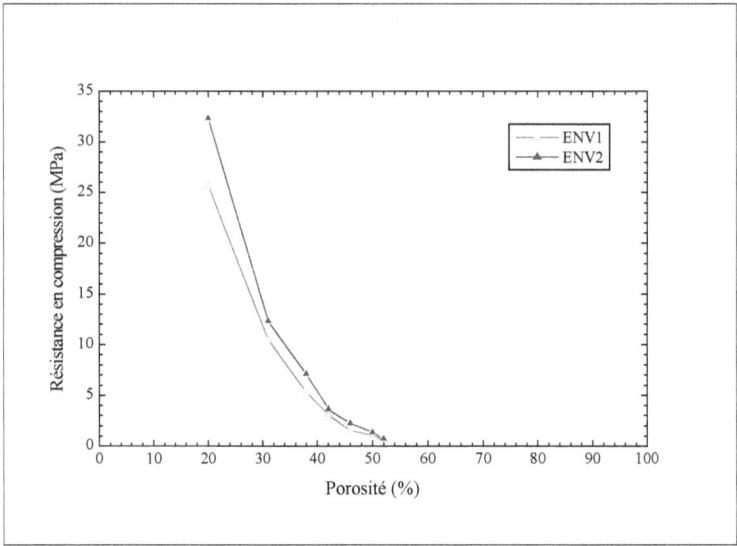

Figure III.42 Variation de la résistance à la compression des BCLB 3/8 en fonction de porosité.

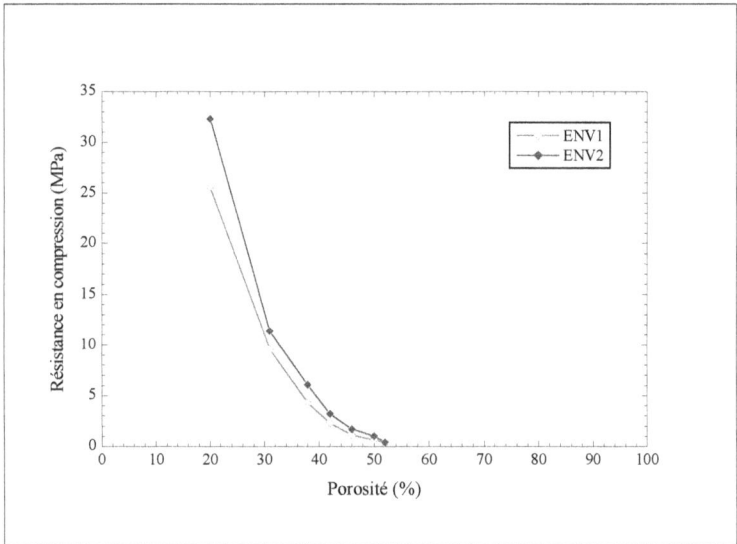

Figure III.43 Variation de la résistance à la compression des BCLB 8/15 en fonction de porosité.

D'après les figures III.40 à III.43 on voit bien que la porosité du matériaux influe nettement sur la résistance, celle-ci décroît lorsque la porosité augmente. D'autre part on constate que les allures des graphes obéissent à une loi mathématique qu'on peut définir en utilisant des modèles mathématiques.

> **Relation entre la résistance en compression et la porosité des BCLB et des BCLP:**

Nous avons essayé de tirer des relations mathématiques reliant la résistance en compression à la porosité des matériaux élaborés en utilisant les modèles communément utilisés [72]. Ils s'agit des modèles de Bal'Shin, Ryshkewich et Schiller dont les expressions mathématiques sont données par :

Modèle de Bal'shin :
$$R_C = R_0 . (1-n)^{\alpha} \quad \text{......................}(III.1)$$

Modèle de Ryshkewitch :
$$R_C = R_0 . e^{-\beta n} \quad \text{.........................}(III.2)$$

Modèle de Schiller :
$$R_C = \gamma . \ln\left(\frac{n_{cr}}{n}\right) \quad \text{.....................}(III.3).$$

Où α, β et γ sont les coefficients des modèles, R_0 est la résistance en compression à porosité nulle et n_{cr} la porosité critique correspondant à une résistance nulle.

On a regroupé dans les tableaux III.9 et III.10 les expressions théoriques des différents modèles. Les coefficients sont calculés par régression sur la courbe expérimentale $R_C = f(n)$.

Les résultats expérimentaux en comparaison avec les modèles théoriques sont représentés dans les figures III.44 à III.47.

Tableau III.9 Expressions théoriques de la résistance en compression à 28 jours en fonction de la porosité du BCLP

Modèle	Granulométrie 3/8mm		Granulométrie 8/15mm	
	ENV-I	ENV-II	ENV-I	ENV-II
Bal'Shin	$R_C = 52.163(1-n)^{3.8275}$	$R_C = 63.994(1-n)^{3.7742}$	$R_C = 52.822(1-n)^{4.003}$	$R_C = 63.397(1-n)^{3.9207}$
Ryshkewich	$R_C = 146,96.e^{-7.8876n}$	$R_C = 173,7.e^{-7.7346n}$	$R_C = 155,98.e^{-8.2485n}$	$R_C = 181,81.e^{-8.0657n}$
Schiller	$R_C = 19,264.\ln\left(\frac{0.664}{n}\right)$	$R_C = 22,742.\ln\left(\frac{0.664}{n}\right)$	$R_C = 19,162.\ln\left(\frac{0.656}{n}\right)$	$R_C = 22,761.\ln\left(\frac{0.661}{n}\right)$

Tableau III.10 Expressions théoriques de la résistance en compression à 28 jours en fonction de la porosité du BCLB

Modèle	Granulométrie 3/8mm		Granulométrie 8/15mm	
	ENV-I	ENV-II	ENV-I	ENV-II
Bal'Shin	$R_c = 149,63(1-n)^{7,3249}$	$R_c = 167,64(1-n)^{7,0937}$	$R_c = 193,7(1-n)^{8,3359}$	$R_c = 207,02(1-n)^{7,8722}$
Ryshkewich	$R_c = 338,45.e^{-11,662n}$	$R_c = 368,56.e^{-11,288n}$	$R_c = 489,52.e^{-13,268n}$	$R_c = 492,77.e^{-12,509n}$
Schiller	$R_c = 26,123.\ln\left(\dfrac{0,495}{n}\right)$	$R_c = 30,756.\ln\left(\dfrac{0,498}{n}\right)$	$R_c = 26,324.\ln\left(\dfrac{0,484}{n}\right)$	$R_c = 30,905.\ln\left(\dfrac{0,490}{n}\right)$

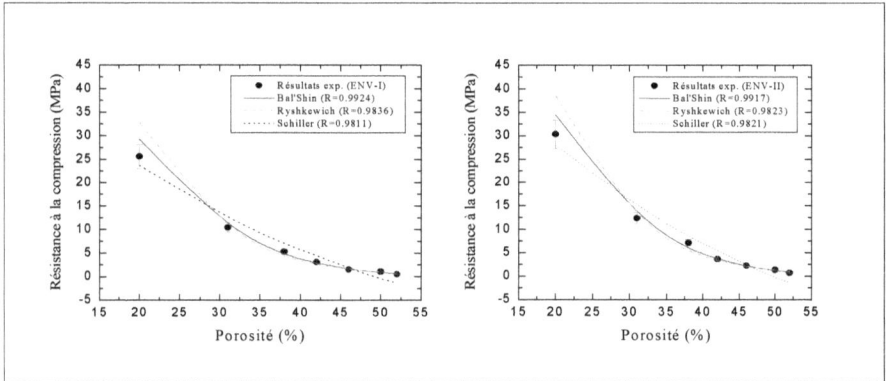

Figure III.44 Résultats expérimentaux et modèles théoriques de la résistance en compression à 28 jours du BCLB (granulométrie 3/8mm) pour les deux modes de conservation

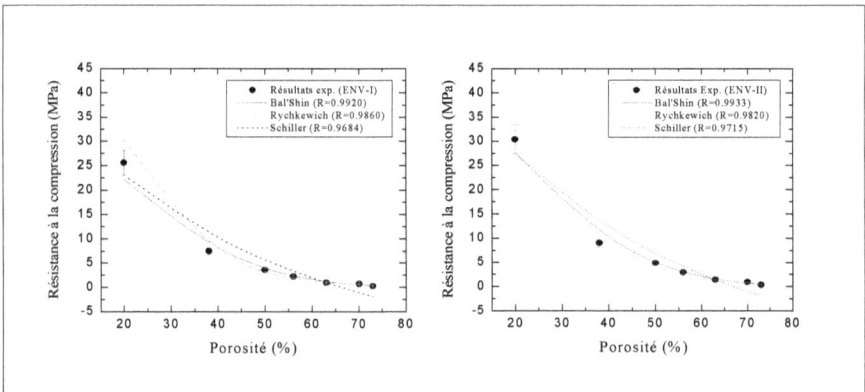

Figure III.45 Résultats expérimentaux et modèles théoriques de la résistance en compression à 28 jours du BCLB (granulométrie 8/15mm) pour les deux modes de conservation

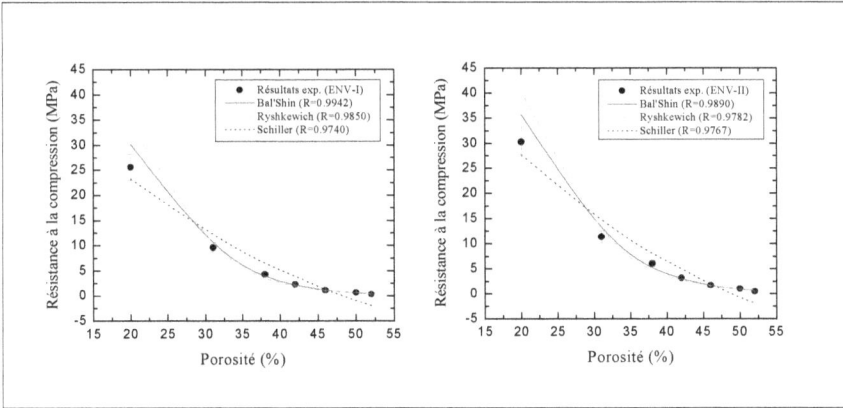

Figure III.46 Résultats expérimentaux et modèles théoriques de la résistance en compression

à 28 jours du BCLP (granulométrie 3/8mm) pour les deux modes de conservation

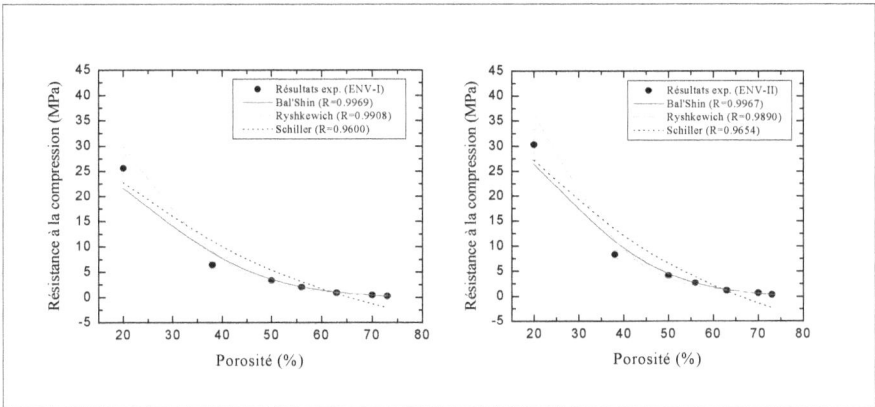

Figure III.47 Résultats expérimentaux et modèles théoriques de la résistance en compression
à 28 jours du BCLP (granulométrie 8/15mm) pour les deux modes de conservation

Ces résultats montrent bien une bonne corrélation entre les valeurs expérimentales et les modèles théoriques proposés. Cependant, une prédiction très satisfaisante de la résistance à la compression des Bétons Calcaires Légers aux granulats de Polystyrène et de Bois peut être obtenue en connaissant uniquement la porosité totale n_T du béton calcaire.

III.5.4.2 Résistance à la traction (par flexion) :
➢ Résistance à la traction en fonction de la densité

Les variations de la résistante à la traction des BCLP et du BCLB en fonction de la masse volumique sont représentés sur les figures III.48; III.49; III.50; III.51.

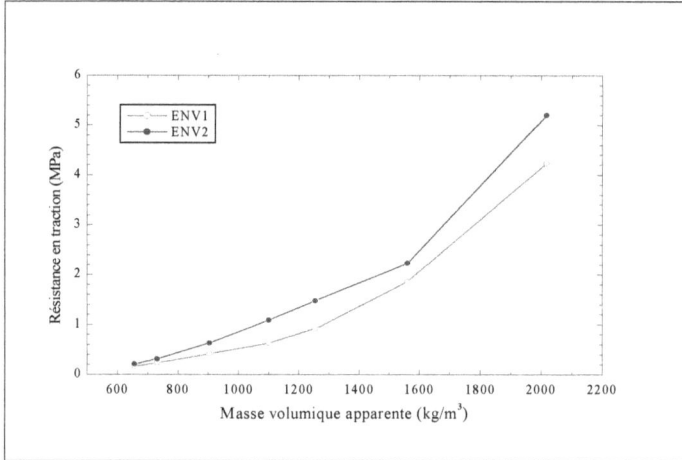

Figure III.48 Variation de la résistance à la traction en Fonction de masse volumique apparente des BCLP 3/8.

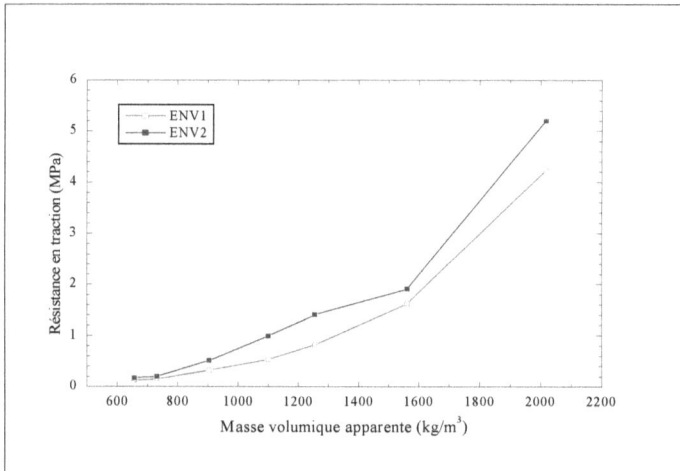

Figure III.49 Variation de la résistance à la traction en Fonction de masse volumique apparente des BCLP 8/15

134

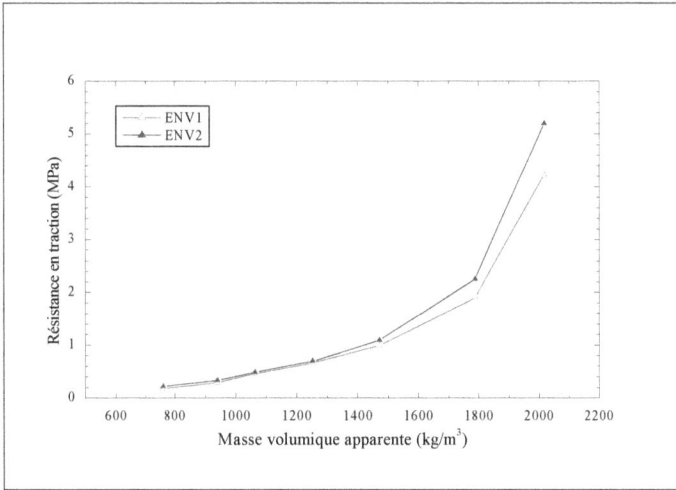

Figure III.50 Variation de la résistance à la traction en Fonction de masse volumique apparente des BCLB 3/8.

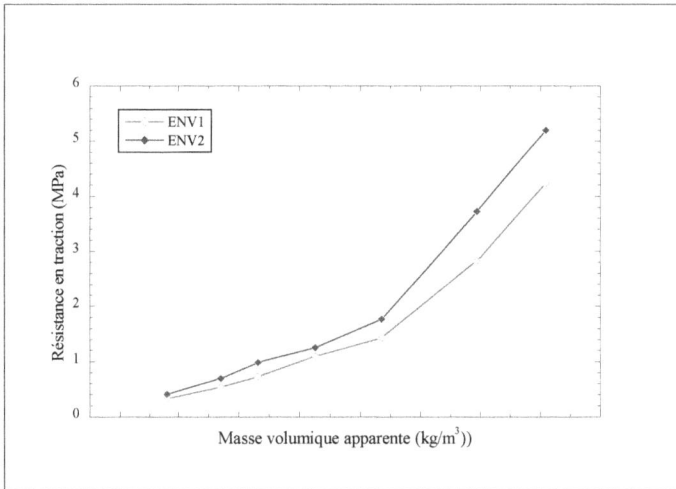

Figure III.51 Variation de la résistance à la traction en Fonction de masse volumique apparente des BCLB 8/15

Les quatre figures ci-dessus montrent que :

- La résistance à la traction diminue lorsque la masse volumique du béton diminue.

• L'effet de la granulométrie sur la résistance à la traction est peu significatif. Mais on peut constater que pour le béton de polystyrène les BCLP 3/8 ont des résistances légèrement supérieures à celles des BCLP 8/15. Par contre pour le béton de bois le phénomène s'inverse, on constate une nette amélioration de la résistance à la traction des BCLB 8/15, par leur taille les granulats dans ce cas joue le même rôle que les fibres de bois.

• La cure à l'eau améliore la résistance à la traction.

➢ **Résistance à la traction en fonction de la porosité :**

Les variations de la résistance à la traction des BCLP et des BCLB en fonction de la porosité sont représentées dans les figures III.52 à III.55 :

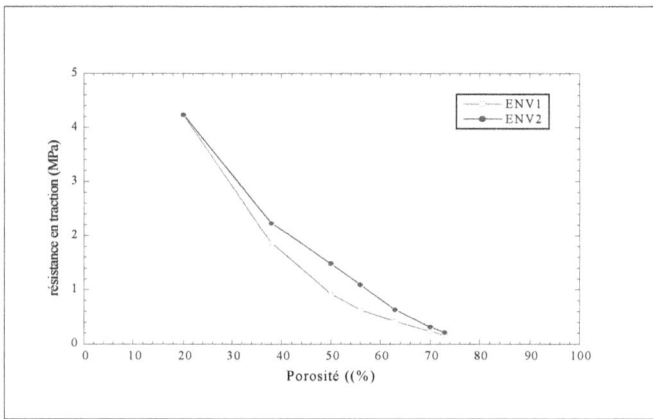

Figure III.52 Variation de la résistance à la traction du BCLP 3/8 en fonction de la porosité.

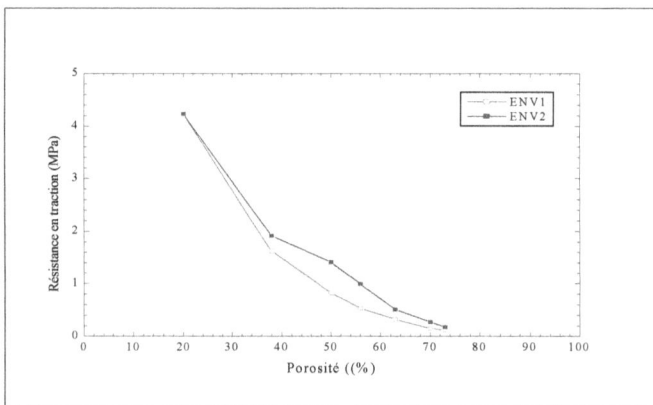

Figure III.53 Variation de la résistance à la traction du BCLP 8/15 en fonction de la porosité

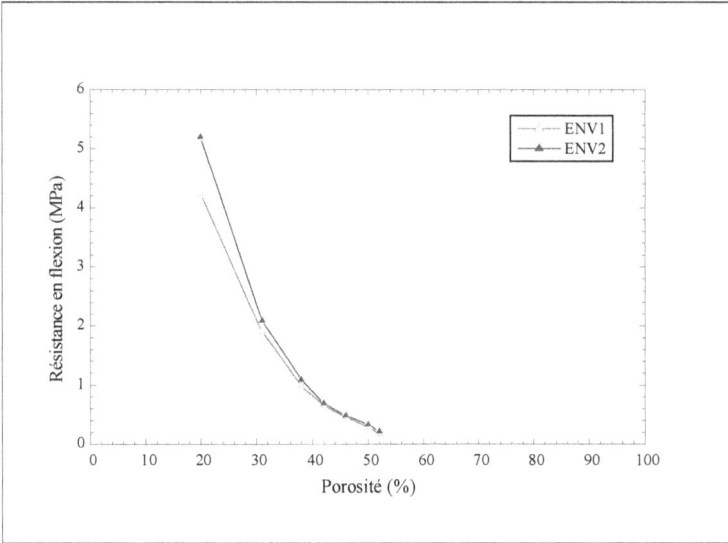

Figure III.54 Variation de la résistance à la traction du BCLB 3/8 en fonction de la porosité.

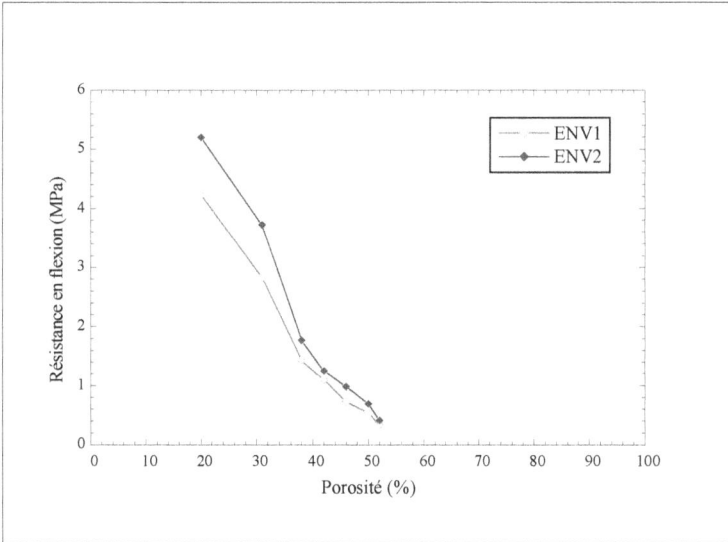

Figure III.55 Variation de la résistance à la traction du BCLB 8/15 en fonction de la porosité

Les figures III.52 à III.55 montrent que la résistance à la traction diminue lorsque la porosité augmente.

III.5.5 Caractéristiques thermiques :

- **Résultats des mesures**

Les résultats de la mesure des caractéristiques thermiques des bétons calcaires légers BCLP et BCLB par la technique TPS pour trois séries d'échantillons respectivement S0,S1,S3,S6 et selon les masses volumiques apparentes sont donnés sur les tableaux III.11 et III.12.

1- Béton de bois :

Tableau III.11 Caractéristique thermiques du béton de bois.

Masse volumique (kg/m^3)	Conductivité Thermique λ (W.m^{-1}.K^{-1})	Chaleur Spécifique c (Jkg^{-1}.K^{-1})	Diffusivité Thermique a (10^{-6}.m^2/s)	Effusivité Thermique b(J.m^{-2}.s$^{-1/2}$.K^{-1})
2062	1.286	1135	0.550	1735.0
1368	0.620	1296	0.350	1048.0
1180	0.387	1467	0.223	818.5
882	0.253	1732	0.165	404.0

2- Béton de polystyrène

Tableau III.12 Caractéristique thermiques du béton de polystyrène.

Masse volumique (kg/m^3)	Conductivité Thermique λ (Wm^{-1}.K^{-1})	Chaleur Spécifique c (J.kg^{-1}.K^{-1})	Diffusivité Thermique a (10^{-6}.m^2/s)	Effusivité Thermique b(J.m^{-2}.s$^{-1/2}$.K^{-1})
2062	1.286	1135	0.550	1735.0
1219	0.465	1223	0.311	832.6
1023	0.300	1314	0.223	635.5
743	0.210	1352	0.209	459.3

• **Interprétations :**

Afin de pouvoir donner des interprétations correctes relatives aux propriétés thermiques on représente sur les figures suivantes les variations des différents paramètres thermiques :

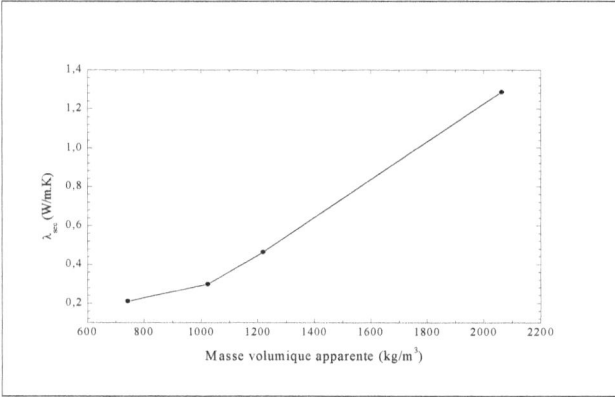

Figure III.56 Variation de la conductivité thermique du BCLP en fonction de sa densité

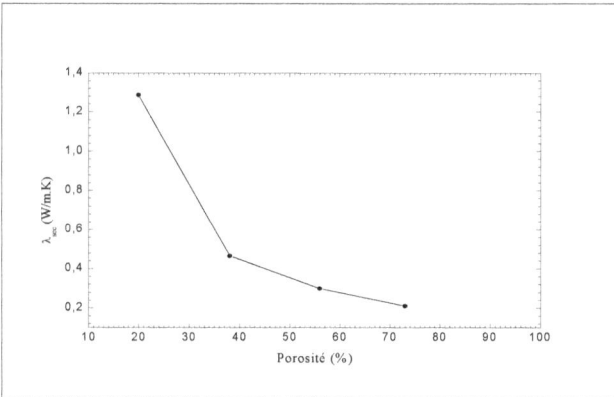

Figure III.57 Variation de la conductivité thermique du BCLP en fonction de sa porosité

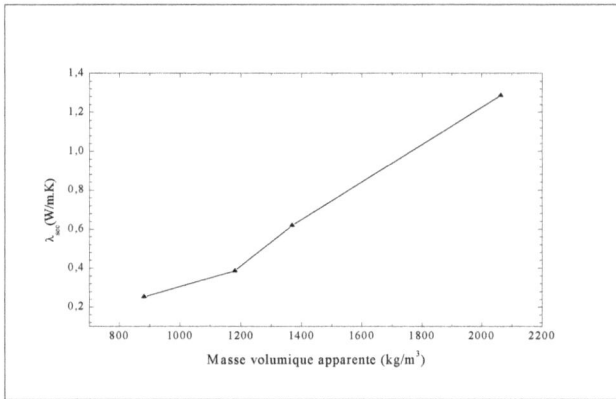

Figure III.58 Variation de la conductivité thermique du BCLB en fonction de sa densité

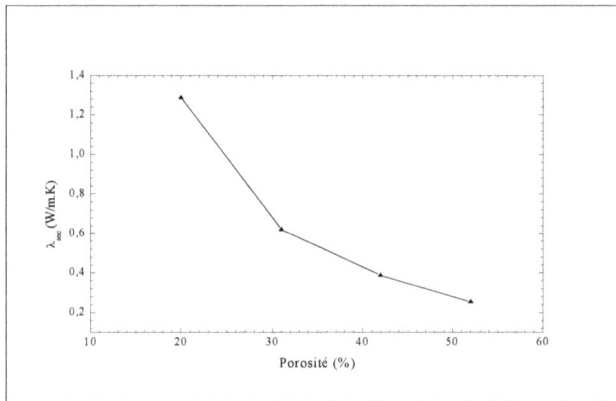

Figure III.59 Variation de la conductivité thermique du BCLB en fonction de la porosité.

D'après les figures III.56 à III.59 on peut constater que

✓ La conductivité thermique du BCLP et du BCLB augmente avec la masse volumique et diminue avec la porosité, cette variation est analogue à celle de presque tous les bétons.

✓ Pour le BCLP la conductivité thermique pour le dosage maximum en granulats est de 0.210 W.m^{-1}.K^{-1}qui représente le 1/6 de celle du béton témoin. Celle d'un béton ordinaire est d'environ 1.4 W.m^{-1}.K^{-1}, donc l'allégement du polystyrène permet de diminuer de presque 85% la conductivité thermique par rapport à un béton normal.

✓ Pour le BCLB la conductivité thermique pour le dosage maximum en granulats est de 0.253 W.m^{-1}.K^{-1}qui représente le 1/5 de celle du béton témoin. Elle est
✓ d'environ 82% moins que celle d'un béton ordinaire.

Cependant il n'est pas évident que ces valeurs assez faibles des conductivités thermiques leur procurent la qualité d'isolant. Par conséquent une analyse complémentaire des autres paramètres s'avère indispensable.

Les figures III.60 à III.65 montrent les variations de la capacité calorifique, de la diffusivité et de l'effusivité en fonction de la porosité du béton pour les deux types de bétons.

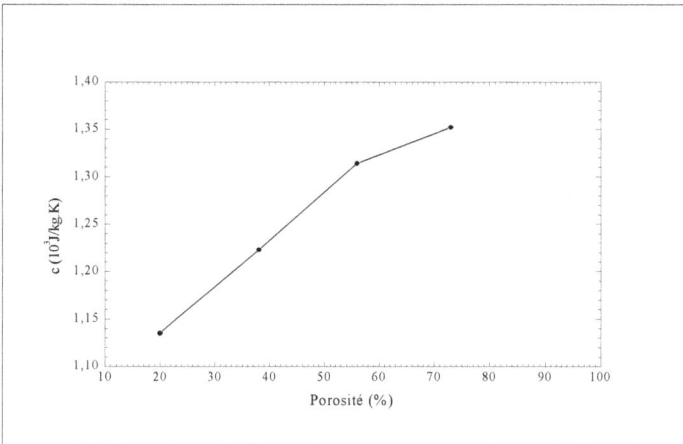

Figure III.60 Variation de la capacité calorifique du BCLP en fonction de la porosité.

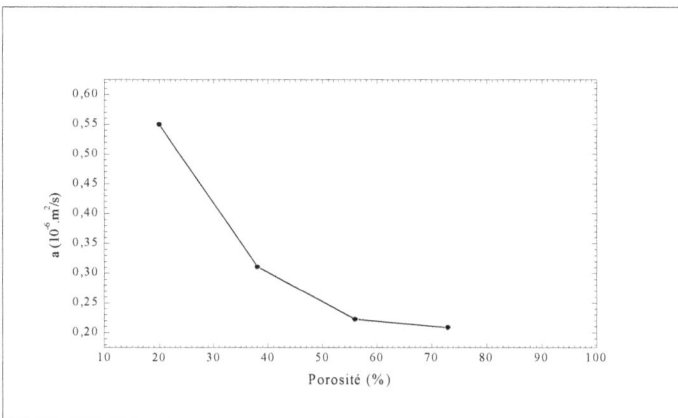

Figure III.61 Variation de la diffusivité du BCLP en fonction de la porosité.

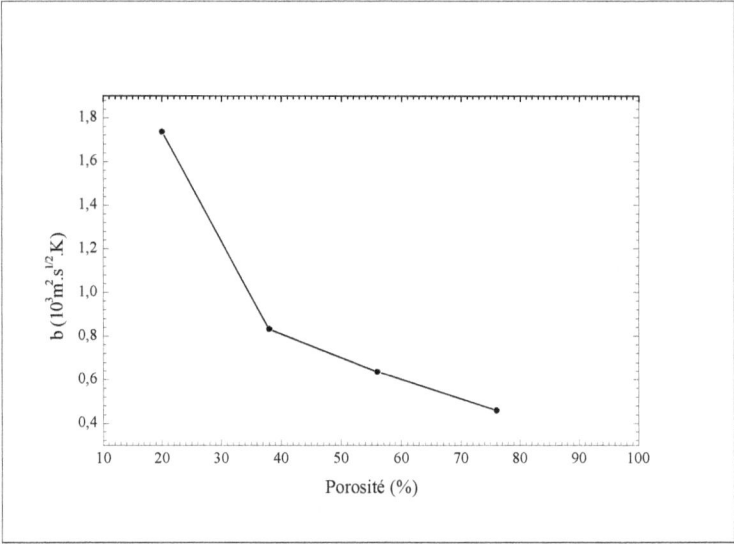

Figure III.62 Variation de l'effusivité du BCLP en fonction de la porosité.

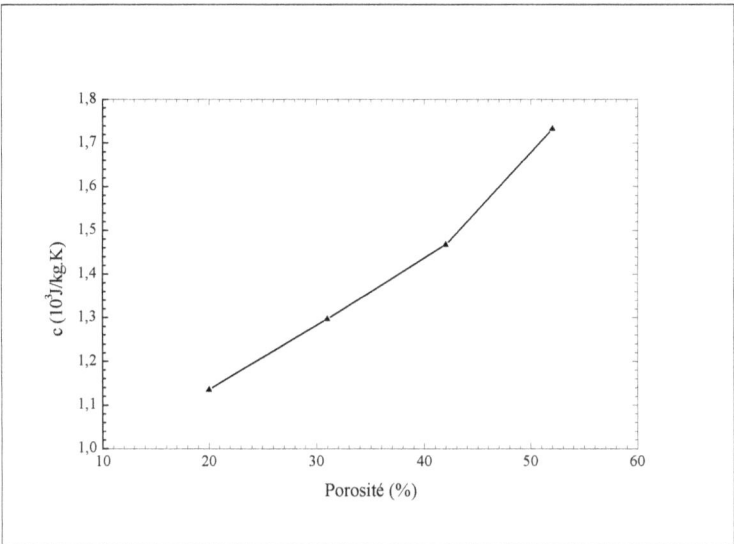

Figure III.63 Variation de la capacité calorifique du BCLB en fonction de la porosité.

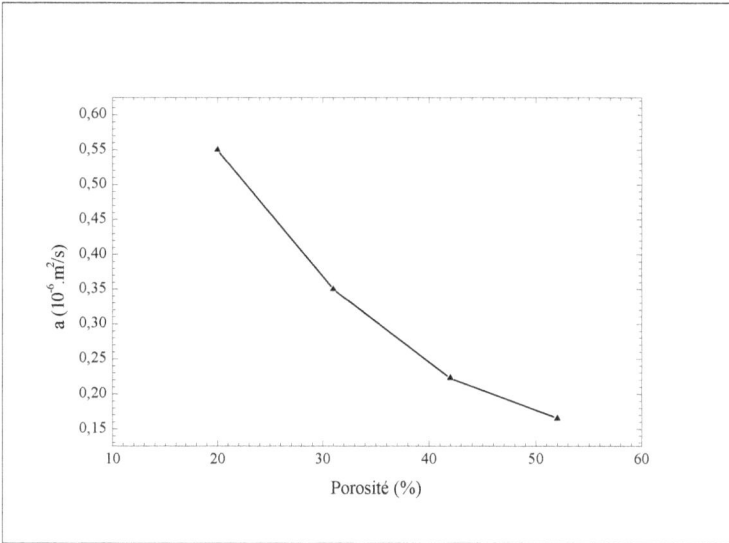

Figure. III.64 Variation de la diffusivité du BCLB en fonction de la porosité

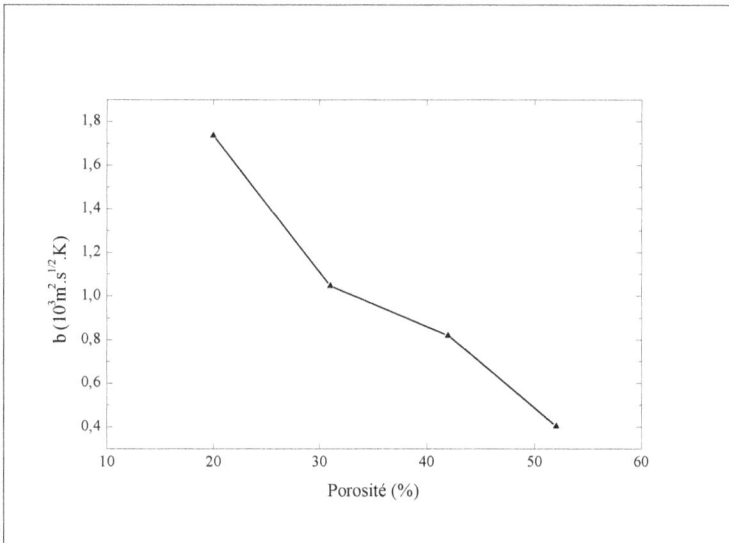

Figure III.65 Variation de l'effusivité du BCLB en fonction de la porosité.

Les résultats de mesure de la diffusivité thermique et de capacité calorifique montrent qu'elles sont comprises respectivement entre (0.55-0.165) m^2/s et (1135-1732) $J.kg^{-1}.K^{-1}$ pour les BCLB et entre (0.55 – 0.209) m^2/s et (1135-1352) $J.kg^{-1}.K^{-1}$.

Les faibles diffusivités thermiques liées à des fortes capacités calorifiques sont signe déterminant d'un matériau thermiquement performant. Donc, utilisé comme des éléments de remplissage, les BCLP et les BCLB peuvent procurer une isolation thermique très intéressante et par conséquent un gain d'énergie très remarquable par rapport aux matériaux ordinaires communément employés dans la construction.

IV Etude comparative des deux bétons

Sur la base des résultats obtenus, une étude comparative entre les deux types de bétons élaborés a permis d'analyser l'influence des deux facteurs d'allégement sur leurs caractéristiques physico mécaniques.

IV.1 Comparaison des Caractéristiques physiques :
IV.1.1 Masse volumique :

Les histogrammes représentés en figure IV.1 et IV.2 résument les résultats de mesure de la masse volumique apparente à 28 jours pour les différentes compositions des bétons en considérant les deux tailles granulométriques (3/8 et 8/15) et les deux modes de cure.

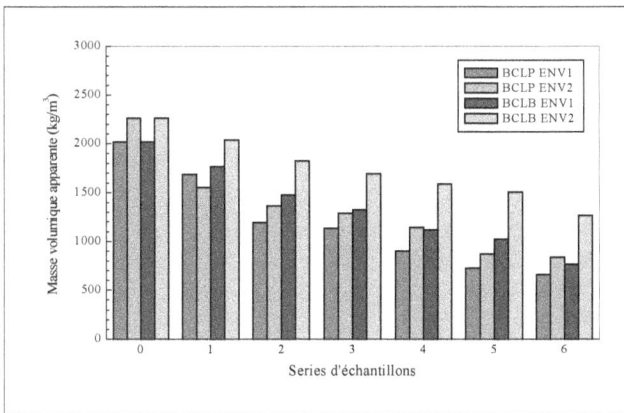

Figure IV.1 Histogramme de comparaison des masses volumiques des BCLP 3/8 et BCLB3/8.

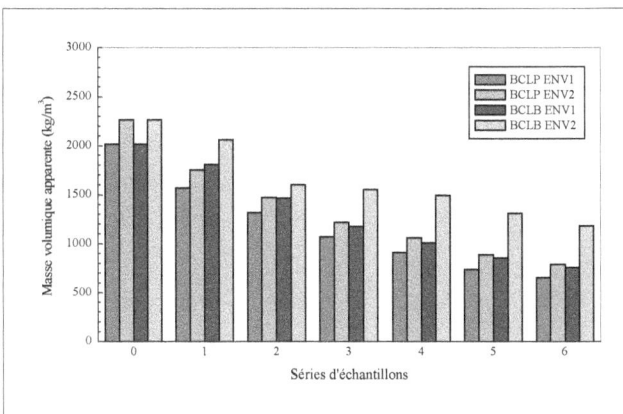

Figure IV.2 Histogramme de comparaison des masses volumiques des BCLP et BCLB 8/15.

Une analyse comparative, montre que:

• La masse volumique des BCLP et des BCLB décroît en fonction du dosage en granulats.

• La taille granulométrique n'a pas une influence significative sur l'allégement.

• A des proportions volumiques égales, les granulats de polystyrène procurent des densités plus faibles que les granulats de bois. L'écart moyen est estimé à 112 kg/m^3 pour l'environnement ENV1 contre 412 kg/m^3 pour l'environnement humide ENV2. On peut remarquer également que la masse volumique humide croît sensiblement pour le cas des BCLB que les BCLP, ceci s'explique par le pouvoir d'absorption élevé des granulats de bois.

○ **A l'état sec :**

Les valeurs maximales et minimales de la masse volumique des BCLP 3/8 sont respectivement 1688 et 660 kg/m^3 et celles des BCLB 3/8 sont respectivement 1770 et 765 kg/m^3.

Les valeurs maximales et minimales de la masse volumique des BCLP 8/15 sont réspectivements1567 et 655 kg/m^3 ; celles du BCLB 8/15 sont respectivement ; 1807 et 756 kg/m^3. On remarque de même que pour le même pourcentage volumique en granulats les BCLP 3/8 sont moins denses que les BCLB3/8.

○ **A l'état mouillé :**

Les valeurs maximales et minimales de la masse volumique des BCLP 3/8 sont respectivement 1555 kg/m^3 et 836 kg/m^3, celles des BCLB 3/8 sont respectivement 2039 et 1265 kg/m^3, on peut constater de même que les BCLP 3/8 sont nettement plus léger que les BCLB 3/8.

Les valeurs maximales et minimales de la masse volumique des BCLP 8/15 sont respectivement 1751 et 788 kg/m^3 et celles des BCLB 8/15 sont respectivement 2062 et 1181 kg/m^3.

On peut remarquer que le pouvoir absorbant influe d'une manière importante sur le poids humide des bétons, en effet le bois étant plus absorbant que le polystyrène, la masse volumique des BCLB humides est environ 1.5 fois celle du BCLP humide.

Et si on dresse un tableau comparatif des valeurs moyennes des masses volumiques finales on peut voir facilement la différence entre les deux types de bétons :

Tableau IV-1 comparaison des valeurs moyennes des masses volumiques du BCLP et BCLB

	Masse volumique (kg/m^3)		
Matériaux	BCLP	BCLB	différence
ENV 1	658	760	102
ENV 2	812	1223	411
Différence	154	462	

IV.1.2 Porosité :

Les résultats des valeurs de la porosité des deux types de bétons et pour différents pourcentages de granulats sont représentés dans la figure IV.3.

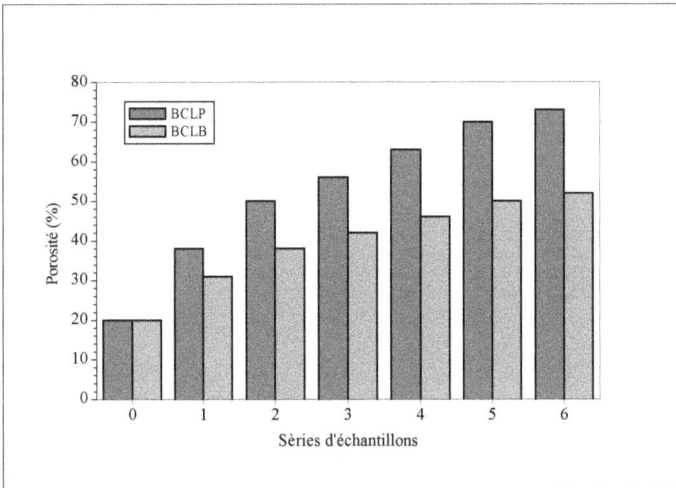

Figure IV.3 Histogramme de comparaison des valeurs de la porosité des BCLP et des BCLB

La figure IV.3 montre que :

• la porosité des BCLP est supérieure à celle des BCLB et ceci à cause de porosité relativement élevée des granulats de polystyrène par rapport à celle des granulats de bois.

• La différence entre les valeurs des porosités des deux bétons augmente lorsque la proportion volumique en granulats augmente, elle passe d'une valeur de 7% pour la proportion volumique minimale à une valeur de 21% pour la proportion maximale.

147

IV.1.3 Variations dimensionnelles :

On reporte dans les figures IV.4 et IV.5 les résultats du retrait et de gonflement à 28 jours pour les deux types de bétons en fonction du dosage en granulats et leurs tailles.

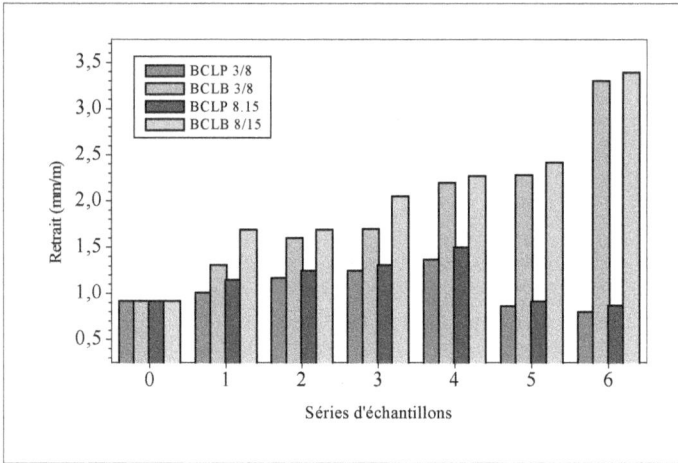

Figure IV.4 Histogramme de comparaison du retrait à 28 jours des BCLP et des BCLB

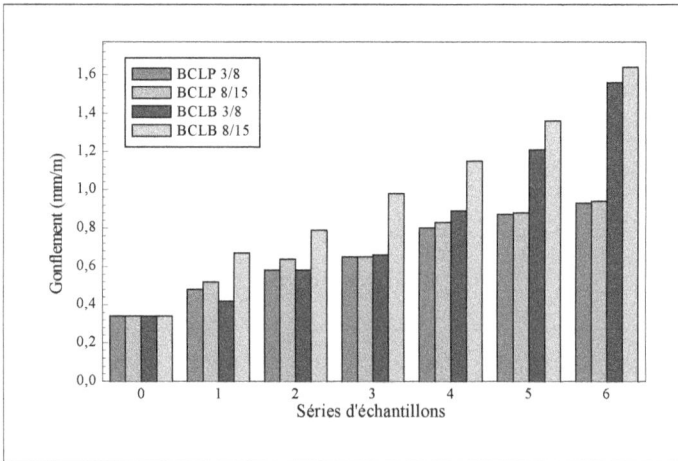

Figure IV.5 Histogramme de comparaison du gonflement à 28 jours des BCLP et des BCLB

D'après les figures IV-4 et IV.5 on voit que les BCLB subissent des variations dimensionnelles en séchage (retrait) et en mouillage (gonflement) nettement supérieures à celles des BCLP, cela est dû au fait que les granulats de bois sont très sensibles à l'humidité, ils se gonflent et se rétractent d'une manière très remarquable. C'est la raison pour laquelle l'utilisation des granulats de bois à l'état brute est déconseillée, un traitement préliminaire dans ce cas est recommandé [24,73]. Les deux types de bétons présentent des variations dimensionnelles supérieures à celles du béton témoin.

IV.2 Comparaison des caractéristiques mécaniques :
IV-2.1 Résistance à la compression :
Les résultats de la résistance en compression des BCLP et des BCLB sont représentés dans les figures IV.6 et IV.7 pour les deux granulométries (3/8 et 8/15) et dans les deux environnements (ENV1 et ENV2).

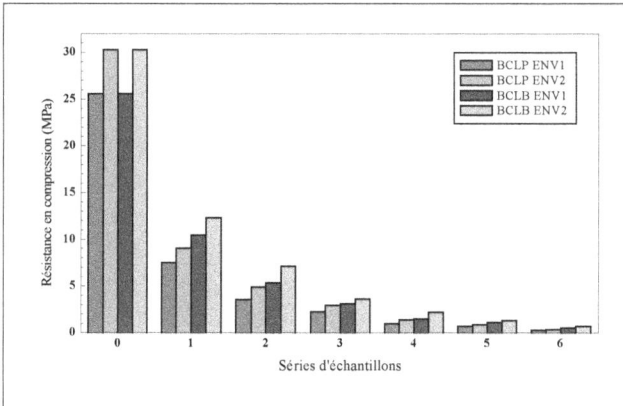

Figure IV.6 Histogramme de comparaison des résistances en compression des BCLP 3/8 et des BCLB 3/8

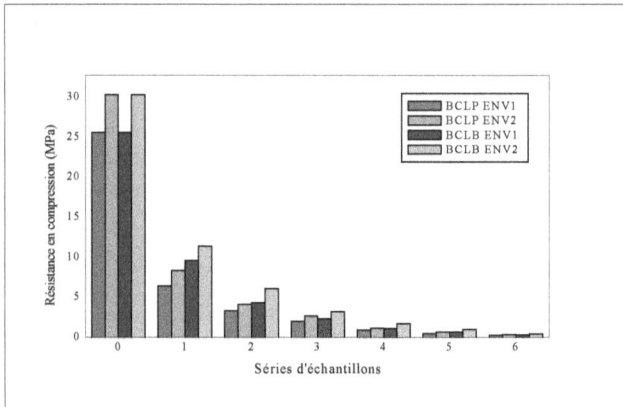

Figure IV.7 Histogramme de comparaison des résistances en compression des BCLP 8/15 et des BCLB 8/15.

• Pour les deux types de bétons la résistance en compression diminue lorsque le dosage en granulats augmente, puisque les granulats légers présentent des zones de faible résistance.

• La cure dans l'eau améliore la résistance à la compression de la même manière que les bétons classiques

• Pour un même dosage, le béton de bois présente une résistance à la compression relativement élevée que celle du béton de polystyrène. Ceci s'explique par la différence de morphologie structurale des granulats de bois et de polystyrène et à la différence dans le module d'Young qui est nettement élevé dans le bois relativement au polystyrène [18,34].

• les résistances maximales des BCLP et des BCLB sont assez faibles par rapport à celles du béton témoin.

• Les résistances moyennes maximales et minimales des BCLP sont respectivement de 6.95 MPa et 0.28 MPa dans l'environnement 1 et de 8.67 MPa et 0.35 MPa dans l'environnement 2.

• Les résistances moyennes maximales et minimales du BCLB sont respectivement de 10.03 MPa et 0.34 MPa dans l'environnement 1 et de 11.86 MPa et 0.56 MPa dans l'environnement 2.

A partir de ces chiffres on voit bien la différence entre les différentes valeurs des résistances, on pourra voir plus clair si on rassemble ces valeurs dans un tableau où l'on calcul le taux d'accroissement de la résistance des BCLB par rapport à celle des BCLP.

Tableau IV-2 Comparaison des valeurs moyennes des résistances en compression du BCLP et BCLB

	Résistances moyennes en compression (MPa)					
Matériaux	BCLP		BCLB		taux	
Valeur	Maximale	Minimale	Maximale	Minimale	Max	Min
ENV 1	6.95	0.28	10.03	0.34	1.44	1.21
ENV 2	8.67	0.35	11.86	0.56	1.36	1.6

- On voit bien que la résistance en compression du béton de bois dépasse celle du béton de polystyrène d'environ 1.4 fois .De ce fait le béton le bois sera plus bénéfique en matière de résistance en compression que le béton de polystyrène.

IV.2.2 Résistance à la traction :

On regroupe les valeurs des résistances à la traction pour les deux types de bétons dans les histogrammes IV.8 et IV.9 pour les deux granulométries 3/8 et 8/15 afin de les comparer.

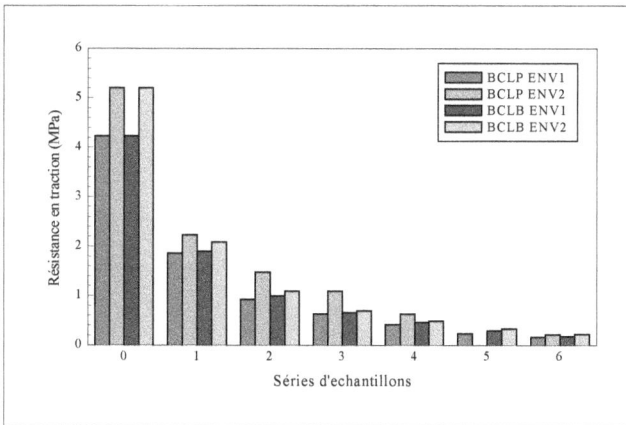

Figure IV.8 Histogramme de comparaison des résistances à la traction des BCLP 3/8et des BCLB 3/8.

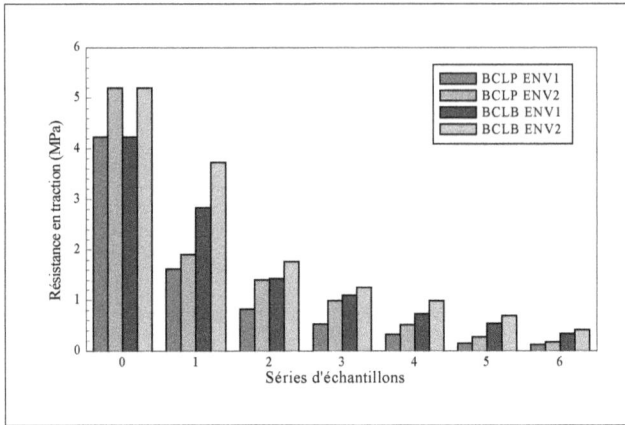

Figure IV.9 Histogramme de comparaison des résistances à la traction des BCLP 8/15 et des BCLB 8/15.

● Les résistances maximales en traction des BCLP et des BCLB sont assez faibles devant celles du béton témoin.

● Les résistances en traction des BCLB sont largement supérieurs à celles des BCLP, cela est dû au fait que les granulats de bois par leur nature fibreuse contribuent à l'amélioration de la résistance à la traction, alors que les granulats de polystyrène par leurs faible résistance à la traction représente dans le matériaux des zones de très faible résistance à la traction.

● Les valeurs maximales et minimales des résistance des BCLP3/8 sont respectivement 1.86 MPa et 0.16 MPa pour l'environnement dans la salle et 2.23 MPa et 0.21 MPa dans l'eau, pour les BCLB3/8, elles sont de 2.26 et 0.22 MPa dans la salle et 1.92 et 0.17 MPa.dans l'eau

● Les valeurs maximales et minimales de résistance du BCLP8/15 sont respectivement 1.62 MPa et 0.12 MPa pour l'environnement dans la salle, et 3.31 MPa et 0.28 MPa dans l'eau, pour le BCLB8/15, elles sont de2.83 et 0.33 MPa dans la salle et 3.72 et 0.42 MPa .dans l'eau

Et à partir de ces valeurs on peut remarquer que la cure à l'eau améliore la résistance à la traction pour les deux bétons, d'autre part lorsque le pourcentage de granulats augmente les résistances en traction chutent considérablement.

Si on résume ces valeurs dans un tableau la comparaison sera plus claire.

Tableau IV-3 comparaison des résistances en compression des BCLP et des BCLB

	Résistances moyennes en flexion (MPa)					
Béton	BCLP		BCLB		taux	
Valeur	Maximale	Minimale	Maximale	Minimale	Max	Min
ENV 1	1.74	0.14	2.54	0.27	1.45	1.9
ENV 2	2.07	0.19	3.41	0.35	1.64	1.82

A partir du tableau IV-3 on peut voir que la résistance en flexion des BCLB vaut environ 1.4 à 1.6 fois celle des BCLP et que les résistances pour les deux matériaux s'affaiblissent d'une manière considérable est cela est dû au faite que les éprouvettes soient en grande partie composées de granulats

En fin nous pouvons conclure pour les résistances mécaniques que le béton de bois est plus résistant que le béton de polystyrène et que les deux matériaux peuvent être utilisés dans les éléments isolants et isolants porteurs.

IV .2.3 Caractéristiques thermiques :

Les résultats des mesures des différentes caractéristiques thermiques sont représentés dans les histogrammes IV.10, IV.11, IV.12, etIV13.

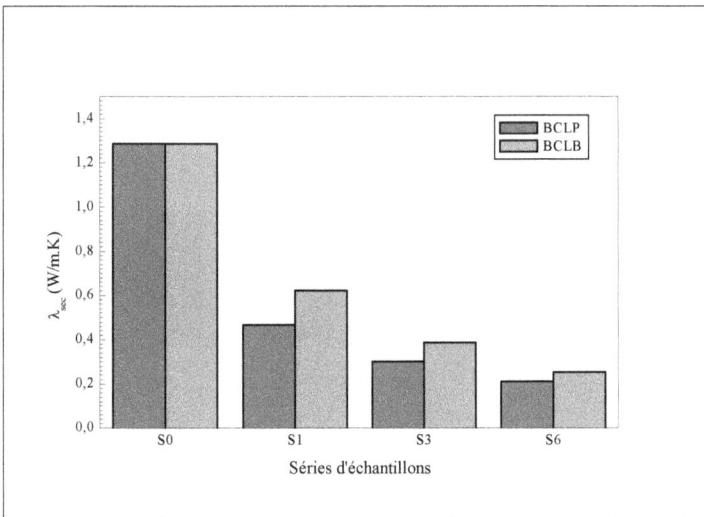

Figure IV.10 Histogramme de comparaison des conductivités thermiques des BCLP et des BCLB

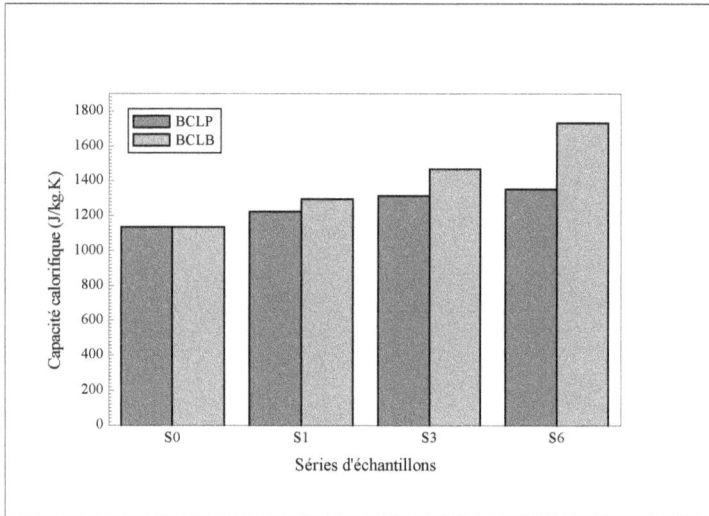

Figure IV.11 Histogramme de comparaison des capacités calorifiques des BCLP et des BCLB

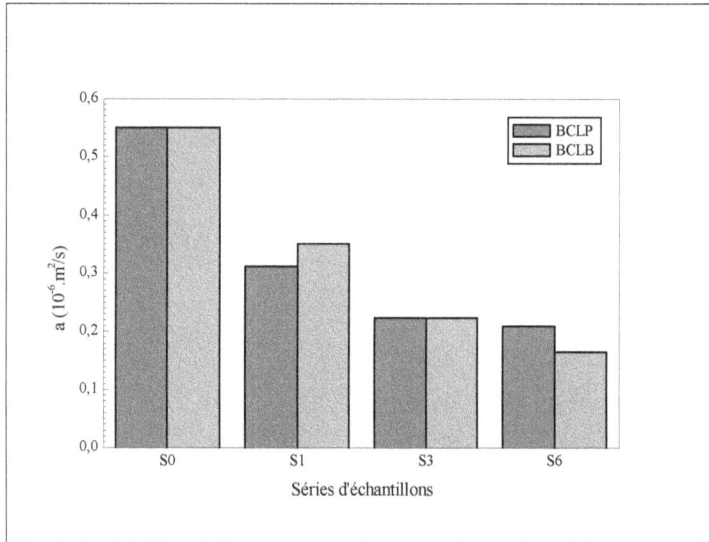

Figure IV.12 Histogramme de comparaison des diffusivités thermiques des BCLP et des BCLB

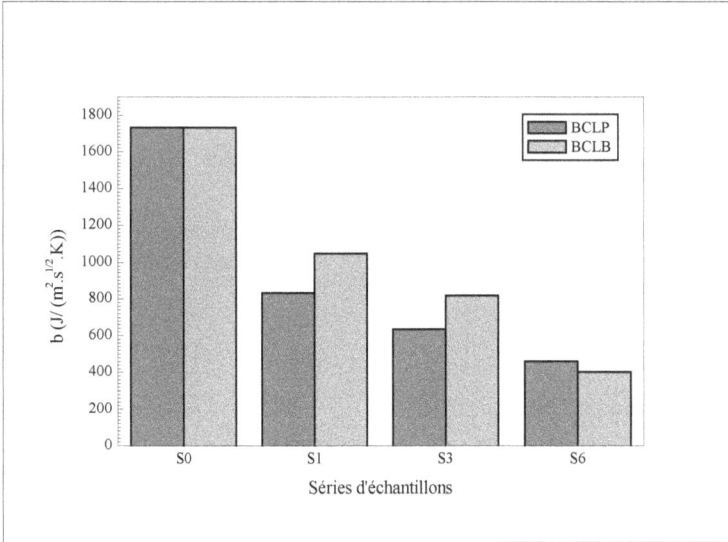

Figure IV.13 Histogramme de comparaison des Effusivités thermiques des BCLP et des BCLB

D'après les figures ci-dessus on peut remarquer que les bétons de polystyrène présentent des performances thermiques meilleures que celles des bétons de bois en effet :

• La conductivité thermique des BCLP est inférieure à celle des BCLB d'une proportion de 30 % en moyenne, mais les conductivités thermiques des deux types de bétons sont largement inférieures à celle du béton témoin avec un rabattement de 85%.

• Lorsqu'on compare les capacités calorifiques des deux bétons on voit que le béton de bois a la capacité d'emmagasiner la chaleur mieux que le béton de polystyrène cela est dû au faite que pour les BCLB les caractéristiques thermiques sont gouvernées par les caractéristiques des granulats. Sachant que le bois possède une capacité calorifique supérieure à celle du polystyrène, il en résulte que pour une même densité, les BCLB possèdent un pouvoir de stockage plus grand que celui des BCLP.

• En termes de diffusivité, la comparaison entre les deux types de bétons n'est pas tranchante mais on peut dire que la vitesse de propagation d'une perturbation thermique est faible dans les BCLP que pour Les BCLB même si la différence n'est pas trop significative.

En fin de cette étude comparative on peut tirer les conclusions suivantes :

➢ En terme de caractéristiques physiques les BCLP sont plus performants que les BCLB, en effet ils sont plus légers que les BCLB, ils présentent des variations dimensionnelles relativement faibles, des porosités assez élevées et des performances thermiques assez bonnes.

➢ En terme de caractéristiques mécaniques les BCLB s'avèrent plus performants que les BCLP

De ce fait on peut conclure que les BCLP sont plus recommandés dans les éléments isolants alors que les BCLB sont plus bénéfiques dans les éléments porteurs

Conclusion et recommandations

L'objectif de cette étude est de montrer les potentialités de développement des matériaux de construction par la valorisation des déchets industriels. En effet, l'industrie des granulats génère dans certaines régions des quantités importantes de déchets actuellement inexploités et qui constituent à la fois une gêne environnementale et une perte de matière première. De plus, l'un des composants principaux des bétons est le sable naturel. Les dépôts de sable naturel, surtout ceux qui sont situés près des grands centres urbains, risquent de s'épuiser ou d'entraîner des frais d'exploitation très élevés en raison du coût du transport et des restrictions relatives à la protection de l'environnement. L'idée de substituer des sables siliceux par des sables calcaires issus des résidus de concassage des roches s'avère très intéressante d'un point de vue économique et écologique. La voie envisagée est la transformation de ces déchets calcaires en matériaux de construction thermiquement isolants à haute qualité environnementale. La proposition a été faite d'étudier quelques procédés d'allégement susceptibles de procurer au matériau la qualité d'isolant thermique.

Dans la mesure où les caractéristiques mécaniques restent suffisantes, l'idée d'utiliser des granulats de bois ou de polystyrène comme facteurs d'allégement est une proposition aussi intéressante non seulement d'un point de vu économique, mais également environnemental, car ces granulats sont l'exploitation de déchets de menuiserie pour le bois et les déchets d'emballage des équipements fragiles pour le polystyrène. C'est dans cette optique que se sont orientés nos travaux.

Ce travail est subdivisé en deux thèmes principaux. Le premier faisant l'objet de la présente est consacré à l'étude de l'influence des deux facteurs d'allégement cités supra sur les caractéristiques thermophysiques et mécaniques des bétons calcaires, le second thème sera consacrée à l'étude de durabilité des Bétons Calcaires Légers élaborés. Celui-ci restera une perspective à entreprendre dans une future recherche.

A travers cette étude, on a pu divulguer les points suivants:

• Sur le plan bibliographique, la rareté de la littérature consacrée aux bétons légers, notamment, les bétons aux granulats de bois et de polystyrène témoigne qu'il s'agit d'un thème récemment entrepris par les chercheurs. De plus, la sensibilité à l'utilisation des sables calcaires dans la composition du béton est elle aussi récente. Cette partie nous a permis de prendre connaissance des classes de bétons légers en fonction de la densité et les valeurs limites de la résistance mécanique et de la conductivité thermique. A la base de cette classification nous avons retenu les valeurs cibles suivantes:

○Pour un béton léger d'isolation et de construction (isolant porteur): la masse volumique est inférieure à **1800 kg/m³**, une résistance à la compression supérieure à **3.5 MPa** et une conductivité thermique inférieure à **0.75W/m/K**.

○Pour un béton léger d'isolation (élément de remplissage): la masse volumique est inférieure à **1800 kg/m³**, elle peu descendre jusqu'à **300 kg/m³**, une résistance à la compression supérieure à **0.50MPa** et une conductivité thermique inférieure à **0.30 Wm⁻¹.K⁻¹**.

○La valeur cible des variations dimensionnelles est de l'ordre de **1.0mm/m**.

• Les résultats de caractérisations des matières premières ont permis de conclure:

○Que le sable calcaire exploité est un sable propre et grossier avec un équivalent de sable d'environ **85%** et un module de finesse de **3.23**. Ces caractéristiques ont permis de procurer aux bétons calcaires élaborés les performances mécaniques ciblées.

○Les masses volumiques apparentes du bois et de polystyrène sont respectivement **541.kg/m³** (porosité **63%**) et **20 kg/m³** (porosité **98%**), le bois est donc **27 fois** plus lourd que le polystyrène.

• Sur le plan formulation des Bétons Calcaires légers, des essais basés sur le critère de résistance et de maniabilité ont été réalisés afin de déterminer les pourcentages optimaux des composants de la matrice calcaire-ciment. Ces essais ont abouti aux pourcentages suivants: **C/S=1/3; E/C=0.60**.

Les différents pourcentages pondéraux de granulats de bois et de polystyrène ont été calculés à volumes égaux afin d'avoir une comparaison rationnelle. Une série de six compositions a été élaboré pour les BCLB et les BCLP en faisant varier le pourcentage en granulats de bois et de polystyrène (de 0 à 3% avec un pas de 0.5% pour le polystyrène) et (de 0 à 19.5% avec un pas de 3.25% pour le bois).

• Sur la base des résultats de caractérisation physico mécaniques, on peut signaler:

○Qu'avec les deux procédés d'allégement, la masse volumique des bétons calcaires légers passe de **2016 kg/m³** à **660 kg/m³** en utilisant les granulats de polystyrène et atteint **760 kg/m³** en utilisant les granulats de bois.

○Pour les mêmes proportions volumiques en granulats, la masse volumique des BCLP est inférieure à celle des BCLB. Vu la densité élevée du bois par rapport au polystyrène. L'écart moyen entre les masses volumiques est estimé à **112. kg/m³** pour l'environnement de la salle et **412. kg/m³** pour l'environnement humide.

○Pour les mêmes proportions massiques en granulats, La taille des granulats n'a pas une influence significative sur la masse volumique.

○La résistance à la compression diminue lorsque le dosage en granulats augmente. Cette diminution est plus accentuée en passant du béton témoin au BCL le moins dense. La résistance passe de **25.0 MPa** à **9.0 MPa** pour un pourcentage de **0.5%** en polystyrène, elle descend jusqu'à **0.30 MPa** pour un pourcentage de **3%**. Pour le béton calcaire de bois elle passe de **25.0 MPa** à **12.0 MPa** pour un pourcentage de **3.25%** en bois pour atteindre la valeur de **0.52 MPa** pour une proportion de **19.5%**. Vu que la valeur cible de la résistance à la compression est supérieure à **0.50 MPa**. Le dosage massique limite en granulats rapporté au sable est estimé à **19.5%** pour les BCLB et de **2.50%** pour les BCLP.

○ La résistance à la traction diminue elle aussi en fonction du dosage en granulats. Elle passe de **4.23MPa** à **0.12MPa** pour les BCLP et de **4.23MPa** à **0.18MPa** pour les BCLB. Toutefois, il faut signaler qu'à proportions volumiques égales, les granulats de bois, notamment, la granulométrie **8/15**, procurent des résistances à la traction élevées par rapport aux granulats de polystyrène (exemple, en prenant le pourcentage minime en granulats, on affiche une résistance de **2.83 MPa** pour le bois contre **1.85MPa** pour le polystyrène).

○ Les variations dimensionnelles augmentent en fonction du dosage en granulats. Elles sont plus remarquables pour les BCLB que pour les BCLP en raison de leur insatiabilité à l'eau. Les valeurs du retrait varient de **0.92mm/m** à **3.40 mm/m** pour les BCLB et de **0.92mm/m** à **1.50 mm/m** pour les BCLP. Le gonflement varie de **0.34mm/m** à **1.65mm/m** pour les BCLB et de **0.34mm/m** à **0.96mm/m** pour les BCLP.

○ Les performances thermiques s'améliorent en fonction du dosage en granulats pour les deux types de bétons.

La conductivité thermique passe de **1.286 W.m^{-1}.K^{-1}** pour le béton témoins à **0.210 W.m^{-1}.K^{-1}** pour le BCLP et à **0.253 W.m^{-1}.K^{-1}** pour le BCLB.

Les bétons de polystyrène présentent des performances thermiques meilleurs que celles des bétons de bois en effet :

La conductivité thermique des BCLP est inférieure à celle des BCLB d'une proportion de 30 % en moyenne, mais les conductivités thermiques des deux types de bétons sont largement inférieures à celles du béton témoin avec un rabattement de 85%.

Les faibles diffusivités thermiques liées à des fortes capacités calorifiques sont signe déterminant d'un matériau thermiquement performant. Donc, utilisés comme des éléments de remplissage, les BCLP et les BCLB peuvent procurer une isolation thermique très intéressante et par conséquent un gain d'énergie très remarquable par rapport aux matériaux ordinaires communément employés dans la construction.

Enfin, ce travail a permis de faire ressortir quelques inconvénients relatifs à l'utilisation des deux facteurs d'allégement:

➢ Sur le plan de préparation des BCL:

o   Maniabilité difficile, un ajout de fluidifions ou d'entraîneur d'air est recommandé afin d'améliorer cette maniabilité.

oPenser à utiliser une autre technique de malaxage et de mise en moule afin d'y remédier aux problèmes d'homogénéité et de ségrégation rencontrés lors de la préparation des échantillons.

➢ Sur le plan caractéristiques physicomécaniques et géométriques:

oIl est recommandé de faire une réflexion visant à améliorer les performances mécaniques des bétons élaborés. D'après la littérature, l'ajout de fumée de silice pourrait être une solution.

oUn traitement préalable des granulats dans l'objectif de minimiser les variations dimensionnelles des BCL est aussi recommandé afin d'atteindre les valeurs ciblées par la réglementation.

Références bibliographiques

[1] **Adam M. Neville**, propriétés des Bétons, Traduit par le CRIB, Editions Eyrolles, Paris, 2000.

[2] **J.Baron, J.P Divibe**, Béton hydraulique, Presse de l'Ecole Nationale des Ponts et Chaussées, 1982

[3] **EN 196-1** : Méthode d'essais des ciments- Partie 1, détermination des résistances mécaniques

[4] **A.M.Zennir**, Béton calcaires en Lorraine, utilisation des granulats du Bajocien de Viterne pour la formulation de bétons courants, thèse de doctorat de l'université Henri. Poincaré, Nancy 1, p205,1996.

[5] **R.Dupain, R.Lanchon, J.C.Saint Arroman**, Granulats, sols, ciments et Bétons, édition Casteilla, paris,1995

[6] **R.E.E.F Normes AFNOR, Centre scientifique et technique du bâtiment**.

XP P 18-540 : Granulats : définitions, conformité, spécification. Octobre 97.

NF P 15-560 : Analyse granulométrique par tamisage. Octobre 78.

NF P 18-598 : Equivalent de sable. Novembre 79.

NF P 18-451 : Essai d'affaissement. Décembre 81.

NF P 18-305 : Béton prêt à l'emploi. Décembre 94

NF P 18-555: Mesure de la masse volumique, porosité, coefficient d'absorption et teneur en eau des gravillons et cailloux. Décembre 80.

NF P 14-304 : Blocs en béton de granulats légers pour murs et cloisons.

NF P 15-433 : Méthodes d'essais des ciments : détermination du retrait et gonflement. Janvier 94.

NFP 18-400 : Moules pour éprouvettes cylindriques et prismatiques. Décembre 81.

NF P 94-057 : Analyse granulométrique des sols- méthode par sédimentation. Mai 92.

[7] **G.Ddreux**, Nouveau guide du béton, édition Eyrolles, paris, 1995.

[8] **Presse d'Ecole Nationale des Ponts et Chaussées**, 1994, Béton de sable caractérisation et pratique d'utilisation, projet Sablocrete.

[9] **Z.Makloufi**, Etude du béton calcaire du turonien de Laghouat, thèse de Magister de l'université de Laghouat, p159, 2001.

[10] **M.Bertrandy (CETB)**, influence des fines de différente nature sur la résistance des bétons.

[11] **N.E.Kedjour**, propriétés et pathologie du Béton, réimpression1993.

[12] **A.Bouguerra, F.de Barquin, A. ledhem, RMDheilly, M Quenendec**, étude de la porosité des Bétons de Bois à matrice argileuse : relation avec les propriétés mécaniques et thermiques, Soumis à Materials and Structure/Matériaux et Construction.

[13] **N.Kaid , H.Khelafi**, Déformations de retrait d'un mortier pouzzolanique contenant 2% de fluidifiant, séminaire international de Geomat'02, université de M'Sila-Algerie 10-11 Mars 2003.

[14] **RILEM,** Commission des bétons légers, Terminologie et définitions. Matériaux et Construction, N°13 (1970), pp 60-69.

[15] **American Concrete Institute,** Guide pour le béton de structure à base de granulats légers, Traduction du CATED, SDT BTP, 1970.

[16] **J.L Kass; D. Campbell-Allen,** Functional classification of lightweight concrete, Matériaux et Constructions, vol.5, n°27, pp.171-172, 1972

[17] **M. S. Goual**, Contribution à l'élaboration d'un procédé de valorisation de co-produits argileux .Cas du béton argileux cellulaire obtenu par réaction avec l'aluminium pulvérulent. Caractérisation et comportement thermo hydrique, Thèse de doctorat d'état de l'Ecole Nationale Polytechnique d'Alger, Février 2001.

[18] **M. Arnoud, M.Virlogeux**, Granulats et Bétons légers, Presse de l'Ecole Nationale des Ponts et Chaussées, 1986.

[19] **M. Shink**, Compatibilité élastique, Comportement mécanique et optimisation des Bétons de granulats légers, Thèse de doctorat de l'université de Laval Avril 2003.

[20] **A. Ferhat**, Caractérisation physicomécanique à court terme d'un Béton léger élaboré à partir d'agrégat pouzzolanique, Mémoire de Magister de l'université d'Oran, p174, 2002.

[21] **P. Revil, J. Bipin**, Using technology to improve the performance of lightweight cement, Middle East Drilling Technology Conference Bahrain November 23& 25, 1997

[22] **K.Alrim,N Al Cheikh-Kassem, M Queneudec, E.A.Decamps**, Construire en matériaux locaux : tradition et modernité de l'habitat, approches culturelles, réalités économique, Colloque Franco-maghrebin, Marseille Oct 91.

[23] **P. Pimienta , J.Chandellier, M. Rubaud, F. Dutruel, H. Nicole**, Etude de faisabilité des procèdes de construction à base de Béton de Bois, Cahier du CSTB, Livraison 346, N°2703,1994.

[24] **A. Ledhem**, Contribution à l'étude d'un béton de bois, Mise au point d'un procédé de minimisation des variations dimensionnelles d'un composite argile-ciment-bois, Thèse de doctorat de l'INSA de lyon, 1997.

[25] **A. Ayadi, A Iratini**, Elaboration et caractérisation d'un matériau isolant à base de déchets de verre, Proceeding of International Seminary GEOMAT'02, M'sila, Algérie 10-11 Mars 2002, pp.257-262.

[26] **R. Belouettar**, Utilisation du laitier granulé dans la fabrication du béton cellulaire autoclavé, Proceeding of International Seminary GEOMAT'02, M'sila, Algérie 10-11 Mars 2002, pp.341-347.

[27] **A. Guettala, B. Mezghiche, R. Chebili**, Valorisation d'un déchet industriel pour la confection d'un béton de sable, Proceding of International Seminary GEOMAT'02, M'sila, Algérie 10-11 Mars 2002, pp.413-421.

[28] **K. Al-Rim,** Etude de l'influence des différents facteurs d'allégement des matériaux argileux – Les bétons argileux légers, Généralisation à d'autres formes de roches, Thèse de Doctorat de l'Université de Rennes1, 1995.

[29] **A. Bouguerra**, Contribution à l'étude d'un procédé de valorisation de déchets argileux: comportement hygrothermiques des matériaux élaborés, Thèse de Doctorat de l'INSA de Lyon, 1997.

[30] **A. Bouguerra, A. Ledhem, F. de Barquin, R. M. Dheilly and M. Quéneudec,** Effect of microstructure on the mechanical and thermal properties of lightweight concrete prepared from clay, cement, and wood aggregates, Cement and Concrete Research, Volume 28, Issue 8, August 1998, Pages 1179-1190

[31] **A. Benazzouk, K. Mezreb, G. Doyen, A. Goullieux and M. Quéneudec,** Effect of rubber aggregates on the physico-mechanical behaviour of cement–rubber

composites-influence of the alveolar texture of rubber aggregates, Cement and Concrete Composites, Volume 25,pp.711-720, 2003

[32] K. Al Rim, A. Ledhem, O. Douzane, R. M. Dheilly and M. Queneudec, Influence of the proportion of wood on the thermal and mechanical performances of clay-cement-wood composites, Cement and Concrete Composites, Volume 21, Issue 4, August 1999, Pages 269-276

[33] A.Ledhem, R.M.Dheilly, M.L.Benmalek, M.Queneudec, Proprieties of wood-based composites formulated with aggregate industry waste, Journal of Construction and Building Materials 14(2000) pp.341-350.

[34] P.Corman, Bétons légers d'aujourd'hui, Ed. Eyrolles, Paris, 1961.

[35] Rilem Recomandation, Absorption d'eau par immersion sous vide, Matériaux et Construction vol 12 N°69-1979 p 391-394.

[36] U-WERT-Bechung, Coefficient de transmission thermique, p4.

[37] Document Internet, Matériaux de construction, site http://iusti.univ-mrs.fr, pp1-5.

[38] M.L.Benmalek, H.Houari, A.Bali, M.Queneudec, Comportement d'un composite fine minerale-Ciment-Bois élaboré à l'aide de déchets industriels solides, sciences et technologie N°13 Juin 200 pp 65-72.

[39] J.P Yvrard, Expérimentation et modélisation du comportement Mécanique du polystyrène expansé. Thèse de doctorat de l'université de Lille,1998.

[40] Document Internet, F.A.Q, isolation thermique, p6, site http:// users-skynet.be

[41] R.Cabrillac, W.luhowiak ,R.Duval, Etude expérimentale de mise au point de matériaux porteurs légers à partir de laitier de magnésium, Annales de l'Institut Technique du Bâtiment et des travaux public, N°471 Janvier 89 pp19-35.

[42] R.W.Steiger, M.K.Hurd, Lightweight insulating concrete for floors and roof decks, The Aberdeen Group Michigan 1978.

[43]C. Levy et P.Le boulicaut, le BHP livré par réseau de centrale de BPE. Les bétons à hautes performances, presses des ponts et chaussées, pp95-114 (1932).

[44] J.Yamasaki, S.Nimura, I NakaJima, devellopperment of special light weight concrete,

[45] J.Astrand, L.Bessadi, E.Johansson, S.Laid, H.Teggour, N.Toumi, Matériaux thermiquement isolant CNERIB, et LCHS) de l'université de Lund 1993

[46] V.S Ramachandran, Utilisation des déchets et sous produits comme granulats du béton, CNRC construction, Juin 1981

[47] J.Baron, La durabilité des bétons, Presse de l'Ecole Nationale des Ponts et Chaussées, 1992

[48]CEB-FIB, Lightweight Aggregate Concrete, The Construction Press, 1977.

[49]CEB-FIB, Béton de granulats légers, Annales de l'ITBTP, janvier-mai et décembre 1980

[50] T.W.Bremner, Influence of aggregate structure on low density concrete, PHD thesis, Imperial college of science and technology, London,June 1981.

[51] F.de Larrard, Une approche de la formulation des Bétons légers de structure, Bulletin de liaison des Ponts et Chaussés-195- Janvier-février 95

[52] K.U.GLINIORZ, élément de construction en Bois-Béton léger, L'industriel du Bois 2001, vol 79 N°4 pp58-59.

[53] Document Internet, Lignum, Le bois de A à Z-Ecologie, Site http://www.lignum.ch.

[54] Document Internet French wood, Bois traité sons vide, Site http://www.frenchwood/Bois.

[55] F.X.Mortreuil, C.Lanos, R.Jauberthie, wood shavings light weight concrete: benefit of chimical traitement vietnam international conference on Non- conventional Materials and Technologies mars 2002.pp 371-377.

[56] M.Eustafievici, O.Muntean, M. Muntean, Influence of the wood waste characteristics and its chemical treatement on the composites properties Vietnam intetnatinal conference on Non-conventional Materials and technologies, Hanoi-vietnam, mars2002.pp107-112

[57] A.Bougerra, H.sallée, F.de barquin , RM dheily, M quéneudec, isothermal moisture properties of wood-Cementitious composites, Cement and Concrete Research 29 (1999) pp339-347.

[58] F.Z Aouadja . M .Mimonne , M. Laquerbe, Béton de Bois : variations de longueur et résistances mécaniques, Algérie Equipement.

[59] A.Bougerra, A.Ledhem, A.de Roodenbeke, M.Quenedec, Incorporation de déchets Argileux dans les Bétons de Bois propriétés mécanique et thermiques, Déchets-Sciences et Techniques N°4 Dec 96.

[60] **A.Sarja,** Wood reinforced concrete, Natural fiber reinforced cement and concrete, Vol.5 Blackie, pp 63-91.

[61] **R.P.Bennett, R.Furgeaud,I.Paljak,** Le béton cellulaire autoclavé : propriétés et utilisations

Annales de l'Institut Technique du Bâtiment et des travaux publics N.371 Oct 79 pp75-101.

[62] **Document of Southern Mississippi University,** Polystyrene, Department of Polymer Science, 4pages, site: http://www.psrc.usm.edu/French/styrene.htm.

[63] **Rapport du Laboratoire de Contrôle Technique et d'Expertise**, Etude et analyse du polystyrène expansé Avril 1998, Alger.

[64] **Bing Chen, Juanyu Liu,** Propreties of lightweight expanded polystyrene concrete reinforced with steel fiber. Cement and Concrete Research 34 (2004), pp.1259-1263.

[65] **J.M Chaix** ; G.Laviales ; D.Quenard, structure et propriétés d'un matériaux polyphasique modèle : le Béton légers isolant thermique, compte rendu de fin d'étude, CSTB Grenoble mars (1989).

[66] **K Ganeshbabu, D. Saradhi Babu**, Performance of fly ash concretes containing lightweight EPS aggregates, Cement and Concrete Composites 26(2004), pp.605-611.

[67] **J.Baron, J.P.Olivier**, les bétons, basse et données pour leur formulation, édition Eyrolles, paris 1996.

[68] **EN 196-6,** Méthode d'essais des ciments- Partie 6 détermination de la finesse.

[69] **EN 196-3,** Méthode d'essais des ciments- Partie 3 prise du ciment.

[70] **J.P.Laurent :** Contribution à la caractérisation thermique des milieux poreux granulaires, thèse de doctorat de L'INP.Grenoble, 1986.

[71] **S.E.Gustafsson,** Transient plane source technique for thermal conductivity and thermal diffusivity measuments of solid materials, Review Scientific Instruments, Vol 62, n°3pp797-804,1991.

[72] **K.L.Watson** (1981), a simple relation ship between the compressive strength and porosity of hydrated portland cement, Cement and Concrete Research, vol.11, pp473-476.

[73] **I.Teoreanu, St. Stoleriu, A.Volceanov**, Concrete with vegetable aggregates, Vietnam International conference on Non – conventional materials and technologies. Hanoi Vietnam, Mars 2002.

www.ingramcontent.com/pod-product-compliance
Lightning Source LLC
Chambersburg PA
CBHW021055210326
41598CB00016B/1215